ÉTUDES

SUR

LE DÉFILEMENT.

(Quoique l'auteur de cet écrit soit loin d'y attacher au
cune importance, il n'en a fait tirer qu'un très petit nomb
d'exemplaires qui ont été mis à la disposition du Ministι
de la Guerre, et qui ne doivent point être livrés au con
merce.)

IMPRIMERIE DE BACHELIER,
rue du Jardinet, 12.

ÉTUDES

SUR

LE DÉFILEMENT

DES TRANCHÉES EN PROJECTION

ET SUR

LE DÉFILEMENT

DES OUVRAGES DE FORTIFICATION,

PAR M. DE GARIDEL,

CAPITAINE DU GÉNIE,

AIDE-DE-CAMP DU GÉNÉRAL PRÉVOST DE VERNOIS.

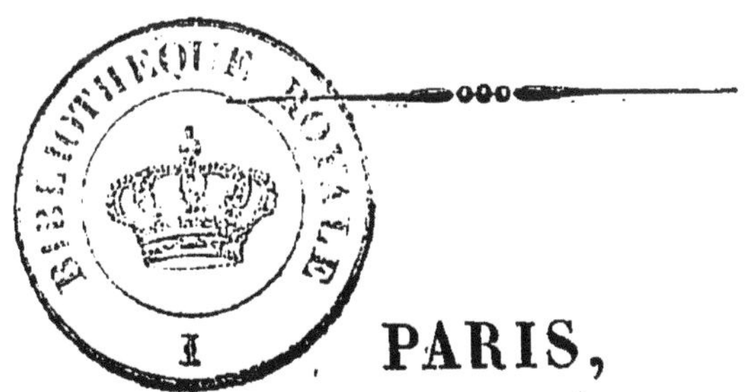

PARIS,

BACHELIER, IMPRIMEUR-LIBRAIRE

DE L'ÉCOLE POLYTECHNIQUE, DU BUREAU DES LONGITUDES, etc.,

QUAI DES AUGUSTINS, N° 55.

1838

ÉTUDES

SUR LE

DÉFILEMENT DES TRANCHÉES

EN PROJECTION,

ET SUR

LE DÉFILEMENT DES OUVRAGES

DE FORTIFICATION.

Le problème du tracé des tranchées dans la confection des projets d'attaque, donne lieu, quand on l'envisage sous le point de vue géométrique, à quelques considérations utiles et à des théorèmes qu'il faut joindre à ceux que l'on connaît déjà sur le défilement des ouvrages de fortification. L'étude en est facile et toute élémentaire; elle est en même temps curieuse et offre de l'intérêt par le but qu'on se propose, qui est de simplifier autant que possible l'art du dessin. La question n'est pas nouvelle, mais on peut aux solutions connues en substituer de plus expéditives, et même faire usage d'un instrument. Ici comme en tout ce qui est art, comme aussi dans toute opération qui doit être répétée un grand nombre de fois, les plus petits moyens méri-

tent considération et ont même de l'importance.
Les officiers du génie le reconnaîtront principa-
lement dans le tracé des tranchées (ou même de
simples chemins, couverts par une gabionnade)
sur un terrain varié, donné par des sections
horizontales et équidistantes, tracé qui est tel
que dès les premières attaques les boyaux et
les parallèles sont des lignes courbes détermi-
nées élément par élément, chaque élément
étant une petite ligne droite. On se rappro-
chera plus ou moins de cette courbe dans l'exécution, suivant la facilité de repérer les crêtes et
suivant l'habileté du chef de tranchée ; on com-
parera avec parfaite connaissance de cause la
plus grande longueur de développement des
attaques, avec des lignes droites ou portions de
droites offrant un développement moindre, mais
creusées un peu plus ; et partant enfin de cette
solution mathématique comme base on la modi-
fiera à son gré. Ainsi, soit que l'on cherche à
faire mieux, soit que l'on cherche à faire plus vite,
peut-être l'art y aura-t-il gagné quelque chose.

Nous ne nous sommes point occupé du défilement des tranchées sur le terrain. On ne peut
rien concevoir sur ce sujet de plus parfait que
ce que le colonel Vaillant fait pratiquer aux
officiers de son régiment, et qu'il a bien voulu
nous apprendre lui-même.

L'étude sur le dessin des tranchées est suivie

de quelques théorèmes sur le défilement des ouvrages de fortification permanente ou passagère. Ces théorèmes sont nouveaux et de nature à être utiles dans la rédaction des projets. Ici encore les hommes d'expérience trouveront-ils peut-être que nous avons fait trop de science. Mais les horizontales, les échelles de pente, les propositions de Dubuat sur l'assiette des ouvrages, et celles de Meunier sur les plans tangens n'étaient-elles pas, à l'époque où elles ont paru, des productions savantes ? aujourd'hui cependant elles sont populaires. Le lecteur jugera toutefois aux nombreux détails dans lesquels nous sommes entré et à la multiplicité des figures, non-seulement que nous n'avançons rien que nous n'ayons expérimenté, mais encore que notre but principal est la pratique et une pratique immédiate, surtout en ce qui concerne le défilement des tranchées.

Ce défilement consiste, comme on sait, *à tracer sur un plan donné une droite (ou plusieurs, s'il y a plusieurs solutions) telle que le plan qui passe par cette droite et le point dangereux, ait sur l'horizon une inclinaison donnée, cette inclinaison étant mesurée, non dans le plan perpendiculaire à l'horizontale, mais dans le plan perpendiculaire à la projection de la tranchée. (Ces deux plans ne se confondent que lorsque le terrain est horizontal.)*

Cette inclinaison se définit par sa tangente

trigonométrique mise sous la forme d'une fraction dont le numérateur est 1 ; le dénominateur est alors entier ou fractionnaire, et représente la cotangente de l'inclinaison ; il est assez
commode de l'appeler indice du défilement. Nous
considérerons l'échelle de l'opération comme
tout-à-fait indépendante de celle du plan d'attaque. Nous supposerons en même temps le plan
de cheminement relevé de 1^m,30 ; c'est ce plan
ainsi relevé que nous regarderons comme le plan
donné : il est déterminé par celle de ses horizontales qui est plus haute de 1 mètre que le point
de départ. Il en est de même de la ligne dangereuse ; nous la supposerons fixée d'abord par sa
direction, et ensuite par la position du point,
qui est à la même cote que l'horizontale dont il
svient d'être question. Ce point sera pour nous le
point dangereux, qu'il remplacera complète-
ment : dans toutes nos figures il est désigné par
la lettre d.

Chacune des données se trouve ainsi réduite
à l'élément qui la détermine, le plan de cheminement à l'intervalle de deux de ses horizontales consécutives, et la ligne dangereuse à sa
longueur pour 1 mètre de pente. Il résultera de
là l'avantage que les opérations deviendront pu-
rement graphiques. En effet, on peut exclure du
tracé tout calcul et toute règle de trois (le tracé
de la première tranchée excepté). Il suffit pour

cela que l'échelle de l'opération reste constante, et qu'elle ait un rapport simple avec celle du projet, par exemple qu'elle soit avec elle dans les rapports $\frac{3}{1}$, $\frac{2}{1}$, $\frac{1}{2}$, afin que d'abord les longueurs prises sur le plan se transforment facilement et passent sans calcul dans la construction.

La fig. 15 indique comment ensuite on déduit graphiquement chaque point d du précédent; mais le premier ne peut l'être qu'en mesurant la longueur entière de la ligne dangereuse et la divisant par sa pente totale; le quotient s'estime à l'échelle qu'on a choisie pour l'opération, et se porte sur la ligne dangereuse, du côté de son ascension, après quoi il suffit, à chaque changement de direction, de tracer un bout de l'horizontale du plan de défilement en même temps que la crête, pour pouvoir déduire de ce premier point d tous les autres. On conçoit que cette construction n'est praticable qu'autant que l'échelle des opérations reste constante, pour toutes les tranchées tracées bout à bout. Elle ne pourrait plus s'employer et l'on en perdrait tout le bénéfice, si l'on cherchait à faire servir, telles qu'elles sont tracées et cotées sur le plan d'attaque, les horizontales du plan de cheminement. Alors la différence de niveau du point de départ et de l'horizontale utilisée ne serait plus exactement 1 mètre, ou si l'on voulait qu'elle représentât toujours 1 mètre, il faudrait supposer l'échelle d'un plan altérée dans un rapport qui ne pourrait être que par hasard un nombre simple ; on tomberait ainsi dans l'obligation de faire quelques opérations arithmétiques que l'on peut éviter.

Nous posons donc comme premier principe : *Il faut que les opérations, une fois le premier point d fixé, soient indépendantes des cotes inscrites sur le plan, et qu'elles ne se fassent que sur les élémens des données ou sur ces élémens altérés dans un rapport simple et constant pour toutes les tranchées qui se suivent bout à bout.*

Voici maintenant les deux constructions usitées jusqu'à présent ; nous les réduisons chacune, autant que possible, d'après les principes que nous venons de poser.

Explication de la fig. 1.

Dans la figure 1 on suppose un cône ayant son sommet au point d et dont toutes les arêtes ont l'inclinaison proposée ; on coupe ce cône par le plan donné, et à l'aide de cette intersection on trouve aisément celle des arêtes, qui est perpendiculaire en projection à la ligne qu'on mène par sa trace sur le plan et par le point de départ. En définitive, on prend l'intersection d'un cercle et d'une section conique. En général, on connaît déjà approximativement la direction de la crête, et trois points de la section conique suffisent.

Explication de la fig. 2.

L'intersection d'un cercle et d'une section conique peut être remplacée avec avantage par celle d'une droite et d'une courbe du quatrième degré, appelée courbe de recherche. C'est ce qui est dessiné dans la figure 2, où l'on a représenté la solution due à M. le colonel *Vaillant*. On fait une fausse supposition sur la projection de la crête : elle fixe un plan de défilement incliné suivant l'inclinaison voulue, et l'on trace son horizontale supérieure de 1 mètre au point de départ. Si cette direction donnée à la crête était vraie, son intersection avec cette horizontale aurait lieu sur l'horizontale à même cote du plan donné. Joignons donc par une courbe plusieurs de ces intersections correspondant chacune à une direction hypothétique de la crête, et cette courbe coupera l'horizontale du plan donné en un point qui fixera la véritable crête. De là naît la construction de la figure 2, qui s'explique assez d'elle-même après ce qu'on vient de dire. Deux ou trois points de la courbe de recherche suffisent.

Mais voici une autre manière de résoudre la question. Soit, figure 3, AB, A′B′, deux horizontales du plan donné, supérieures l'une de 1 mètre, l'autre de 2 au point de départ. Si *oa* est la projection de la crête, il résulte de la définition même du défilement qu'en élevant au point *a* une perpendiculaire *ab* et lui donnant une longueur égale à l'indice, 10 mètres par exemple, si le défilement est à $\frac{1}{10}$, le point du plan de défilement projeté en *b* se trouve exactement de

Explication de la fig. 3.

1 mètre au-dessous du point projeté en *a*; donc les points *b* et *c* ont la même cote, et la ligne qui les joint est une horizontale du plan de défilement, horizontale qui doit passer par le point *d*.

Donc, pour trouver la vraie direction *oa*, il suffit d'en tracer quelques-unes hypothétiques, de mener toutes les lignes *bc* et de voir quelle est celle qui passe par le point *d*; en d'autres termes, tracer l'enveloppe de toutes ces lignes *bc* et lui mener une tangente par le point *d*; ou bien, menant toutes les lignes *db*, prendre leurs intersections respectives avec les lignes *oa* et joindre ces intersections par une courbe de recherche qui rencontrera la ligne AB en un point appartenant à la vraie direction.

Mais cette construction graphique se simplifie, car si vous élevez en *o* la perpendiculaire *ob′* à la ligne *oa*, les deux triangles *b′oc* et *bac* se trouveront égaux; donc *ob′* $=$ *ab*. Donc toutes les lignes telles que *ob′* seront égales; donc:

Théorème sur lequel est fondé toute cette étude.

1°. La projection de la crête et l'horizontale du plan de défilement sont liées par cette relation simple, que la perpendiculaire élevée à la première de ces lignes au point de départ étant limitée à la deuxième, a une longueur constante et égale à l'indice du défilement, quel que soit le etrrain sur lequel on chemine;

2°. La courbe, à laquelle il faut mener une

tangente par le point *d*, est l'enveloppe de toutes les positions que prend l'hypoténuse d'un triangle rectangle ou d'une équerre dont l'angle droit conserve son sommet au point de départ, dont un des côtés perpendiculaires reste constant, et dont l'autre varie de manière à ce que le troisième sommet se promène sur la droite AB, qu'on peut appeler la directrice de la courbe;

3°. A la courbe enveloppe on peut substituer une courbe de recherche, qui se définit le lieu des sommets d'une équerre dont l'angle droit reste au point de départ, dont un des petits côtés décrit un cercle, et dont l'hypoténuse ou son prolongement passe toujours par un point donné.

Il faut remarquer que la ligne dangereuse peut avoir toutes les directions et toutes les pentes, pourvu qu'elle s'élève toujours au-dessus du plan donné; ainsi le point *d* peut avoir autour du point *o* toutes les positions, pourvu qu'il ne soit pas au-delà de la ligne AB directrice de la courbe enveloppe. On est donc obligé de supposer qu'un point $\mathcal{C}$ à une distance $a\mathcal{C}=ab$, *fig*. 3, est également à couvrir d'un point dangereux situé de l'autre côté de la crête *oa*. D'où il suit qu'il faut admettre, pour qu'il lui soit pareillement mené une tangente, la seconde courbe enveloppe qui résulte de cette position du point à couvrir; elle est parfaitement égale à

la première et située symétriquement avec elle
par rapport à la ligne de plus grande pente du
plan de cheminement.

On peut en dire autant de la courbe de recherche. Il arrive donc que les courbes entières
qui résultent des énoncés tout mathématiques
que nous venons de formuler, ces courbes avec
toutes leurs branches appartiennent au défilement, et tant que le plan donné ne passe pas au-
dessus du point dangereux, et qu'on n'a que
ce seul point dangereux à craindre, les solutions géométriques peuvent être aussi des solutions militaires.

Il résulte de là que tant qu'il n'y a qu'un point
dangereux, on peut avoir une, deux, trois, quatre
directions de crête; mais en réalité il n'y a jamais
à hésiter sur celle de ces solutions qui convient ;
les autres iront généralement ficher dans la fortification ou la fuiront au lieu de la serrer et de
l'enceindre, et enfin de deux solutions qui n'au-
raient pas ces défauts, l'une conviendrait comme
boyau de tranchée, l'autre comme portion de
parallèle.

Fig. 4 et 5. En général, trois tangentes ou trois points de
la courbe de recherche doivent suffire (*voy.* les
fig. 4 et 5), ainsi qu'on l'a déjà dit.

Cette courbe de recherche ne diffère pas de
celle de M. le colonel *Vaillant*, mais elle est
décrite d'une manière plus simple, on pourrait

ajouter plus féconde, car non-seulement ce dernier tracé donne naissance, par sa simplicité même, à un petit instrument assez commode, mais encore il conduit à une connaissance plus complète de la courbe de recherche, puisque M. le capitaine Dufort (1), en étudiant cette courbe construite comme fig. 2, n'avait reconnu et ne pouvait reconnaître que ses deux branches infinies, et que la partie en forme de ganse lui avait échappé. Toutes ces considérations conduisent au procédé pratique qui suit :

Le point d ayant été fixé comme il a été dit Explication de la fig. 6. *et représenté fig. 15, vous prenez au compas l'intervalle de deux horizontales consécutives sur le plan de cheminement, vous le transformez, s'il y a lieu, à l'échelle que vous choisissez pour l'opération, et vous le portez sur la ligne de plus grande pente du terrain, du côté où elle monte ; à la distance ainsi fixée vous menez une parallèle aux horizontales.*

Cela fait, vous avez une règle dont l'angle droit est bien vérifié et dont le petit côté qui mesure la largeur est divisé (ou recouvert d'un papier divisé) ; vous placez l'angle droit de la

---

(1) Nous citons cet officier, parce qu'il est un de ceux qui nous ont précédé dans ces recherches et qu'il avait construit et discuté avant nous la courbe du colonel Vaillant.

règle au point de départ de la tranchée, le long côté ayant la direction présumée de la crête; vous tracez au crayon cette direction, et le long du petit côté vous marquez un point à une distance du point de départ égale à l'indice du défilement exprimé en mètres à l'échelle de la construction; vous refaites cette opération en donnant deux ou trois positions à la règle; vous joignez successivement avec le point d chacun des points que vous venez de marquer; ces lignes prolongées vont rencontrer les directions de crête qui leur correspondent en des points qui, joints entre eux, donnent un arc de la courbe de recherche, et son intersection avec la parallèle aux horizontales du plan, donne un point de la crête cherchée.

Quand on opère ainsi, une transformation d'échelle n'est pas nécessaire, à moins que pour plus d'exactitude on ne double celle du plan.

On peut de la même manière construire un arc de la courbe enveloppe, et lui mener une tangente.

A chaque opération on tracera non-seulement la crête, mais l'horizontale du plan de défilement, ainsi qu'il a été dit à l'explication de la figure 15.

Quand on cheminera sur un terrain donné par des courbes, l'intervalle de deux horizontales consécutives sera remplacé par la longueur de la normale ou hachure, et cette longueur sera généralement une moyenne prise à l'estime, à moins que le point de départ ne soit au milieu même de deux courbes, ou que la longueur des deux hachures entre lesquelles il faut prendre une moyenne ne se trouve par hasard la même.

De là à l'instrument représenté fig. 7 il n'y a qu'un pas. AE est une petite équerre en forme d'équerre de maçon ; elle est en cuivre bien écroui et très mince. Son petit côté est tenu aussi étroit que possible, et il est percé de trous de millimètre en millimètre. Ces divisions se comptent du sommet de l'équerre, qui est au point zéro. CD est une petite règle en cuivre également mince. Sur son arête traçante est un trou de même dimension que les premiers. On a de plus un petit pivot dont la tête est très plate et assez large. Ce pivot, qui ressemble tout-à-fait à une pointe de Paris, s'implante la tête en dessous dans un des trous de l'équerre, à une distance du zéro égale à l'indice du défilement estimé à l'échelle de l'opération ; ainsi ce sera à 12 millimètres si le défilement est à $\frac{1}{12}$, et si l'on opère à l'échelle du $\frac{1}{1000}$. Par-dessus l'équerre on place la règle, et il est évident que ce système représente la crête de la tranchée et l'horizontale du plan de défilement liées par la relation énoncée plus haut. Le zéro se met sur le point de départ de la tranchée, et y reste pendant que l'on fait tourner la règle et l'équerre , jusqu'à ce que le côté traçant de la règle passe par le point *d*, en même temps que son intersection avec l'arète intérieure de la longue branche de l'équerre a lieu sur la ligne **AB**, qui représente l'horizontale du terrain ou de l'élément de surface sur lequel on chemine.

Si le trou du pivot était trop aisé, on serait obligé de tenir toujours un doigt sur la règle pour la presser sur l'équerre : afin d'éviter cet inconvénient, qui du reste est petit, on recouvre la pointe du pivot qui s'élève au-dessus de la double épaisseur de cuivre, d'un petit ressort en forme de clé de montre.

On ne peut guère placer les trous à moins de 1 millimètre de distance, en sorte que tant qu'on opérera au $\frac{1}{1000}$, on ne pourra tenir compte que des nombres entiers dans l'indice du défilement ; mais cela suffit, et l'échelle du 1000e conviendra souvent elle-même.

On évite ce défaut, ainsi que celui du changement de position du pivot à chaque nouvel indice, en se servant d'un instrument à pivot fixe, comme celui qui est représenté *fig.* 7 *bis* (1).

---

(1) Ces deux instruments ont été fort bien exécutés par M. Hutzinger, fabricant d'instrumens de précision, place Royale, n° 9, à Paris.

Ici l'échelle de l'opération est invariable, et donnée par un rapport composé où entrent la longueur du petit côté de l'équerre, l'inclinaison du défilement et l'échelle même du plan d'attaque. La hauteur fixe du petit côté de l'équerre est exactement $0^m,0121$. Supposons qu'il s'agisse d'un défilement à $\frac{1}{18}$, et que l'échelle du plan soit $\frac{1}{2500}$; il faudra que chaque longueur à transformer passe de l'échelle $\frac{1}{2500}$ à l'échelle où $0^m,0121$ représentent 18 mètres, c'est-à-dire à l'échelle $\frac{0,0121}{18}$, et pour faire cette transformation il faudra que cette longueur, mesurée effectivement et avec le compas sur le plan, soit multipliée d'abord par 2500 et ensuite par $\frac{0,0121}{18}$, ou, ce qui revient au même, multipliée tout de suite par $\frac{0,0121}{\frac{18}{2500}}$. Or $\frac{18}{2500}$ est l'indice du défilement exprimé à l'échelle du plan ; donc le facteur qui doit servir à opérer les transformations d'échelle est égal au rapport de la longueur constante $0^m,0121$, à la longueur effective qui représente, à l'échelle du plan, le nombre de mètres et les fractions du mètre compris dans l'indice du défilement. Ainsi, 18 mètres pris sur l'échelle de $\frac{1}{2500}$ font une longueur effective égale à o^m,0072; donc le facteur qui doit servir à opérer la transformation est $\dfrac{0,0121}{0,0072}$.

La multiplication par ce facteur se fait graphiquement par un angle de réduction qu'on construit avec l'instrument même. Faites tourner la règle jusqu'à ce qu'elle vienne rencontrer le côté intérieur de l'équerre, à une distance du o égale à o^m,0072; ces deux lignes feront entre elles un angle dont la tangente trigonométrique est $\dfrac{0,0121}{0,0072}$, et qui par conséquent sera l'angle de réduction. Cet angle ne changera qu'avec l'indice, c'est-à-dire trois ou quatre fois seulement dans un projet. On voit qu'il suffit pour le construire d'approcher l'instrument de l'échelle même du plan, en faisant coïncider les o et en plaçant le long côté de l'équerre sur l'échelle même; puis de faire tourner la règle jusqu'à ce qu'elle passe par la division 18, si le défilement est au $\dfrac{1}{18}$. Cette opération est extrêmement simple.

Nous avons choisi la longueur constante du petit côté de l'équerre égale à o^m,0121, parce que $\dfrac{1}{12,1}$ est l'inclinaison du plan de défilement des boyaux de deuxième et troisième parallèle, ainsi que de la quatrième parallèle, quand on en fait une. Il en résulte que si le plan d'attaque est à $\frac{1}{1000}$, le facteur de transformation est 2, et il n'y a pas besoin d'angle de réduction pour le tracé de ces tranchées. Le facteur est 1 sur les plans au $\frac{1}{500}$, 4 sur les plans au $\frac{1}{2000}$.

Les transformations doivent s'appliquer à la longueur de la normale ou hachure, et à celle qui correspond sur la ligne dangereuse en projection à 1 mètre de pente. Mais il résulte de ce qui a été dit que pour cette dernière longueur la transformation ne se fait qu'une seule fois et pour le premier point *d*. Donc à chaque changement de direction il n'y a qu'une ligne à transformer.

Cet instrument a sur le premier l'avantage de permettre plus d'exactitude (puisqu'on peut tenir compte des fractions dans l'indice), de ne point obliger à déplacer le pivot, et de pouvoir être retourné sur lui-même, ce qui rend très rares les cas où le point *d*, sur lequel doit toujours s'appuyer le côté traçant de la règle, est recouvert par l'instrument.

Au reste, quand ce recouvrement a lieu, un petit tâtonnement, ou au besoin le tracé de deux ou trois fausses horizontales, donne aisément l'horizontale qu'on cherche.

Quand le plan de cheminement est horizontal, il faut placer la règle parallèlement au long côté de l'équerre, ce qui se fait à l'œil ou au

Défilement sur un terrain horizontal.

2

moyen d'un petit trait marqué sur cette règle perpendiculairément à sa direction. En maintenant ce parallélisme, on fait tourner le système jusqu'à ce que la règle passe par le point *d*.

Cette direction que prend alors la règle représente, quand le plan de cheminement devient incliné, l'asymptote à la courbe de recherche. Il faut tracer cette asymptote et la prolonger toutes les fois que l'intersection de la règle et de l'équerre s'annonce hors des lieux où elles peuvent atteindre. Alors, en marquant un ou deux points de la courbe de recherche, dont un aussi loin que le permettra l'instrument, on pourra tracer cette courbe et la prolonger bien loin, presque parallèlement à l'asymptote.

Assez généralement pour des glacis montant vers le point dangereux, il sera facile de présumer dans quelle direction on doit chercher la crête; mais sur un terrain déterminé par des courbes ou sur des glacis qui pendent vers la place, il arrivera souvent que les plus expérimentés seront embarrassés. Dans ce cas, au lieu de faire faire un tour entier d'horizon à l'instrument, il est bon d'avoir sous les yeux ou de savoir à peu près de mémoire, soit la forme de la courbe enveloppe, soit celle de la courbe de recherche. On verra d'un coup d'œil le nombre des solutions et leur direction, après quoi on les cherchera exactement avec l'instrument. C'est ce qui motive l'étude que nous avons faite de ces deux courbes, étude toute simple et dont nous ne donnerons pour cela que les résultats.

La courbe enveloppe présente cela de remarquable, que :

Courbe enveloppe. Explication des fig. 8, 9, 10, 11.

1°. Toutes les fois que la longueur de la normale est plus grande que le double de l'indice du défilement, ou est égale à ce double, il ne saurait y avoir ni trois ni quatre solutions. La courbe est fermée et s'appuie aux deux points extrêmes du diamètre tracé dans le cercle dont l'indice est le rayon, parallèlement à la ligne de plus grande pente du terrain. Entre ces deux points elle s'éloigne peu de la circonférence, en sorte qu'elle peut se décrire facilement de sentiment. Ce cas est celui où les indications de la courbe de recherche seraient les plus vagues; la courbe enveloppe le définit beaucoup mieux.

2°. La courbe reste fermée et conserve encore tous ses avantages quand la normale est plus petite que deux fois l'indice, mais plus grande que cet indice.

Il faut alors, pour qu'il y ait trois ou quatre solutions, que le point d tombe dans le petit espace triangulaire formé par la courbe elle-même, ou sur les limites de cet espace, c'est-à-dire que la projection de la ligne dangereuse se confonde presque avec celle de la ligne de plus grande pente du terrain, en même temps que l'inclinaison de la ligne dangereuse et l'indice du défilement diffèrent très peu l'un de l'autre.

3°. Dans tous les autres cas, où la normale est égale à l'indice ou plus petite que lui, il n'y a trois ou quatre solutions qu'autant que le point dangereux tombe dans les espaces limités ou indéfinis compris entre la courbe et l'horizontale qui sert de directrice. Ici la courbe a une ou deux asymptotes; ce cas est celui où la considération de la courbe de recherche est préférable.

Outre que cette classification est simple, la construction de la courbe enveloppe est très facile. Quand elle a un nœud, les figures 9, 10, 11, montrent qu'on trace promptement une des tangentes qui le déterminent; après quoi les seules indications données par ces figures suffisent pour conduire la main.

Il est bon de savoir qu'aux extrémités du diamètre perpendiculaire à la directrice, la courbe est tangente à la circonférence.

Courbe de recherche. Explication des fig. 12, 13, 14. La courbe de recherche n'est fermée que dans le cas où la ligne dangereuse a une inclinaison plus raide que ne le marque l'indice ; dans tous les autres cas elle a des branches infinies.

Il est remarquable que dans l'exemple de la figure 13 la perpendiculaire à la ligne dangereuse est une branche de la courbe, branche qui s'infléchit ensuite à droite ou à gauche, en se rapprochant du point d ou en s'en éloignant à mesure que ce point d s'approche ou s'éloigne lui-même du point de départ. La partie en forme de ganse reste à peu près la même. On voit bien que les indications de cette courbe seront d'autant plus précises que la normale ou hachure sera plus courte : elle convient donc précisément dans les cas où la courbe enveloppe convient moins.

Ces deux courbes complètent donc à elles deux toutes les indications qu'il est possible de se procurer par un simple coup d'œil jeté sur des épures déjà toutes faites, en fixant sur leur plan, soit le point d, soit l'horizontale du plan donné. Pour opérer vite il est nécessaire d'être familiarisé avec toutes les deux.

Mais il restera toujours à la courbe enveloppe l'avantage de se prêter mieux à la solution lorsque au lieu d'un seul point dangereux, il y en a plusieurs ; car alors il faut construire plusieurs points d. Or la courbe enveloppe reste la même, et il suffit par chaque point d de lui mener une tangente ; celle des tangentes qui donne la tranchée la plus ouverte désigne le point qui est le plus dangereux.

Et si au lieu d'être les saillans d'une place forte, les points dangereux étaient sur les sommets ou les flancs d'une chaîne de hauteurs, la solution serait évidemment la même; seulement tous les points d formeraient une courbe qui ne serait autre que l'intersection du cône tangent à cette chaîne de hauteur, par un plan horizontal élevé de 1 mètre au-dessus du point de départ. On aurait donc deux courbes auxquelles il faudrait mener des tangentes communes, pour choisir ensuite celle de ces tangentes qui donnerait la direction de crête la plus ouverte. Par rapport à la courbe du cône, l'expression de tangence a ici le sens qu'on lui donne ordinairement dans le défilement, c'est-à-dire que la tangente laisse la courbe tout entière d'un même côté.

Tracé des communications dans les pays de montagnes.
Fig. 16.

Il est évident que cette solution ne s'appliquera que bien rarement à des tranchées; mais elle convient fort bien au tracé d'une communication entre deux points, par exemple d'une place à sa citadelle ou à son château, lorsqu'on veut le faire à couvert des hauteurs environnantes. C'est alors un mur de $2^m,50$ ou 3 mètres de hauteur qui remplit l'office de parapet. Ce cas se présente assez fréquemment dans les pays de montagnes. Si la route a 3 mètres de largeur, l'inclinaison du plan de défilement est à $\frac{1}{6}$ pour le défilement d'un objet de 2 mètres de hauteur par un mur de $2^m,50$.

Revenant aux détails des opérations du tracé, nous ajouterons qu'on ne doit point perdre de vue que toutes les fois que le point d tombe au-delà de l'horizontale du plan donné, la direction de la tranchée est ce que l'on veut, et l'on peut la faire passer par le point dangereux lui-même. Enfin on rencontre des inclinaisons de la ligne dangereuse plus raides que celle du plan de défilement, et l'on a vu que ce cas est celui où la courbe de recherche est fermée; alors, et rien que dans ce cas, il peut arriver qu'il n'y ait aucune solution et qu'il soit impossible d'opérer le défilement aux conditions imposées. Dans ces circonstances, il faut raidir le plan de défilement ou donner à la tranchée telle direction qu'on préfère, et supposer qu'on s'y enfoncera davantage que de coutume. C'est ce qui se présente souvent quand, au lieu de cheminer sur les glacis d'une place existante, on se donne d'idée une montagne sur les flancs de laquelle on veut tracer un chemin défilé d'un point situé sur son sommet. Ce cas est le plus difficile de tous et peut exiger la construction entière, soit de la courbe de recherche, soit de la courbe enveloppe. C'est alors qu'on apprécie le mieux l'avantage d'un instrument et d'une épure déjà faite, qui permet d'achever le tracé de la courbe avec quelques points seulement. (*Voir la note* B.)

Il est naturel de penser, lorsqu'il s'agit d'un terrain de cheminement accidenté et représenté par des courbes, qu'il y a un moyen de cons-

Théorème
sur le défile-
ment
des tranchées
en terrains.
variés,

truire la courbe des tranchées autrement que
par élémens successifs; c'est ce que nous allons
étudier succinctement.

Si l'on réfléchit à la condition qui doit être
remplie par la courbe à double courbure des
tranchées, on verra que cette courbe étant donnée par sa projection orthogonale sur un plan
horizontal dont on fixe la cote, si l'on imagine
sa projection faite de nouveau sur ce plan de
deux autres manières, 1° par des lignes qui iront
concourir au point dangereux et qui traceront
sa perspective; 2° par des lignes qui, situées
dans les plans normaux à la projection orthogonale, seront inclinées suivant l'indice; il arrivera que les droites qui joindront les deux
projections obliques d'un même point seront
tangentes à la courbe perspective, qui en sera
par conséquent l'enveloppe.

Telle est la traduction en général de ce que
nous avons trouvé pour le cas particulier des
surfaces planes. Il y a donc, une courbe étant
donnée, un moyen de vérifier si elle est la projection d'une tranchée bien tracée. Mais qui ne
comprend que si la méthode des fausses positions
est praticable sur des lignes droites, elle ne l'est
nullement sur des courbes, et sur des courbes
aussi peu faciles à définir? Pour la ligne droite,
la variation ne porte que sur une seule des cons-
tantes qui entrent dans son équation, c'est-à-dire

sa direction. Ici la variation porte sur la nature même de la courbe et tous ses paramètres, ou sur presque tous.

Nous déduisons néanmoins de ces considérations que pour vérifier le tracé d'une parallèle ou portion de parallèle, il faut imaginer un cône dont la crête donnée et située dans l'espace est la directrice, et dont le sommet est au point dangereux, puis couper ce cône par un plan horizontal, coté en nombre rond. Cette construction est très facile, et connue de tous ceux qui ont fait des opérations de défilement en fortification.

Il en résultera une nouvelle courbe dont chaque point sera la perspective d'un point de la crête. Considérez un de ces points, dont vous avez la projection et la perspective ; élevez-y une normale à la courbe donnée, et du côté de la courbe perspective portez sur cette normale le produit de l'indice du défilement par la différence des cotes du point choisi et de sa perspective, vous fixerez ainsi un troisième point qui sera une nouvelle projection oblique du premier, et qui, joint à sa perspective, doit donner une tangente à la section du cône.

Au moyen d'une seule des arètes du cône divisée de mètre en mètre, et en ne considérant que les points de la tranchée cotés en nombres ronds de mètres et quelquefois de demi-mètres, c'est-à-dire situés sur les courbes du ter-

rain ou sur les horizontales intermédiaires qui divisent en deux parties égales l'intervalle de deux
courbes, ce procédé de vérification est beaucoup
plus court que l'opération première ne l'aura
été; il peut donc être recommandé comme bon.

Si le défilement a lieu plus qu'il n'est nécessaire, chaque droite tracée en joignant la perspective et la projection oblique d'un même
point, n'est pas tangente à la courbe perspective;
mais la vraie tangente doit passer au-delà de
cette droite par rapport à la courbe perspective : elle est entre les deux, au contraire, si le
défilement est insuffisant. En d'autres termes,
le point où la tangente à la courbe perspective BBB rencontre la normale à la tranchée AAA,
fixe une longueur de normale plus grande que le
produit de la différence des cotes par l'indice
du défilement, lorsque le défilement est plus que
suffisant, moins grande quand ce défilement n'a
pas lieu; et le rapport de la normale à la différence
de cotes donne l'indice ou le degré de défilement
de chaque portion successive de la tranchée.

Tout cela subsiste encore quand la tranchée
est polygonale, seulement par tangence il faut
entendre que la projection oblique d'un point
quelconque, obtenue par une normale menée
en ce point, doit se trouver sur le prolongement même de la perspective de l'élément rec-
tiligne sur lequel on a mené la normale.

Note **A.** Nous n'avons point rapporté l'étude mathématique que nous avons faite des deux courbes, et particulièrement de la courbe enveloppe. L'analyse seule, mais une analyse très simple, permet sa discussion. Les constructions qu'on en déduit sont également faciles et suffisamment expliquées dans les fig. 8, 9, 10, 11. On y voit les moyens de fixer les asymptotes quand il y en a, les points de rebroussement, le nœud, les points où la courbe touche la directrice, et le point de contact de chaque tangente.

La courbe de recherche a une équation polaire très simple; celle de la courbe enveloppe est plus compliquée, mais les difficultés analytiques, quand elle en offrirait de plus grandes que la première, ne doivent plus compter pour rien, une fois qu'elles sont résolues, et ne sauraient influer sur la préférence à donner à l'une ou l'autre de ces courbes.

Voici le système qui représente la courbe enveloppe :

$$y = \frac{br(b\sin\alpha + r\cos 2\alpha)}{r^2\cos^2\alpha + b^2 - br\sin\alpha} \qquad x = \frac{br\cos\alpha(b - 2r\sin\alpha)}{r^2\cos^2\alpha + b^2 - br\sin\alpha}.$$

r est le rayon du cercle, il est égal à l'indice du défilement; b est la longueur de la normale. Les deux axes de coordonnées passent par le centre du cercle ou point de départ. Celui des x est parallèle à l'horizontale du plan;

celui des y suit sa ligne de plus grande pente ; la région positive est à droite pour l'axe des x, supérieure pour celui des y. L'angle α est l'angle du petit côté de l'équerre avec l'axe des x positifs.

N'existerait-il pas une équation simple entre x et y qui aidât dans certains cas, à construire la courbe ? Voici succinctement le moyen de s'en assurer avec peu de calculs. D'abord quand $b = r$, l'élimination de α est immédiate, et si nous prenons la directrice elle-même pour une des abscisses ; que y' soit la nouvelle ordonnée, considérée comme positive au-dessous de cette directrice, nous trouverons

$$x^2 = \frac{(5 y' - b)^2 (2b - y')}{27 y'}.$$

Lorsque b diffère de r, il faut prendre cette ligne r pour unité, calculer $\frac{b - y}{b}$ et $\frac{x^2 + y^2}{b^2}$, diviser cette dernière quantité par le quarré de la première, et faire $b - \sin \alpha = u$; on tombera sur une équation du quatrième degré, et une du deuxième en u, lesquelles pourront immédiatement se réduire au système suivant, où la courbe est rapportée à sa directrice pour axe des x :

$$u^3 \frac{x^2 + (b - y')^2}{y'^2} + u \frac{y' + b}{y'} + b = 0.$$

$$u^2 k \frac{y' + b}{y'} - 3bu - (1 - b^2) = 0.$$

Maintenant pour éliminer u, tirez de la deuxième,

$$\frac{u^3}{y'} = \frac{1 - b^2}{y' + b} u + \frac{3b}{y' + b} u^2 = \frac{3b(1 - b^2)y'}{(y' + b)^2}$$

$$+ \frac{u}{y' + b} \left(1 - b^2 + \frac{9b^2 y'}{y' + b}\right),$$

substituez cette valeur dans l'équation en u^3,

$$x^2 + (b - y')^2 = (y' + b) \frac{u(y' + b) - by'}{u[b - b^3 + y'(1 + 8b^2)] + 3b(1 - b^2)y'}.$$

Il ne reste plus qu'à substituer ici la valeur de u tirée de l'équation en u^2 prise toute seule, on obtiendra

$$\frac{x^2 + (b - y')^2}{\frac{(y' + b)^2}{y'}} = \frac{b \pm \sqrt{4 + 5b^2 + \frac{4b(1 - b)^2}{y'}}}{\left[1 + 2b^2 + \frac{b(1 - b^2)}{y'}\right] \pm \left[1 + 8b^2 + \frac{b(1 - b^2)}{y'}\right] \sqrt{4 + 5b^2 + \frac{4b(1 - b^2)}{y'}}},$$

expression qui, lorsque $b = r = 1$, s'identifiera aisément avec la valeur de x^2 rapportée plus haut. Mais lorsque b diffère de l'unité, on peut chasser le radical du dénominateur et obtenir

$$x^2 = \frac{20 + 5b^2 + 2b^4}{2(1 - b^2)^3} b^2 y'^2 + \frac{(4 + 3b^2 + 2b^4)}{(1 - b^2)^2} by' + \frac{b^4}{1 - b^2}$$

$$\pm \frac{b\sqrt{y'}}{2(1 - b^2)^3} [(4 + 5b^2)y' + 4b(1 - b^2)]^{\frac{3}{2}}.$$

La discussion de cette équation appliquée au cas de b peu différent de 1, ne pourrait pas se

faire sans le développement du radical en série.
L'équation serait du quatrième degré, si l'on
faisait évanouir ce radical, opération qui est
à présent très facile.

On voit que l'élimination de α ne conduit à
rien, et qu'au contraire on s'estimerait heu-
reux, une pareille équation étant donnée *à
priori*, de trouver à l'aide d'une troisième in-
déterminée, un système qui la remplaçât avec
autant d'avantage que celui d'où nous sommes
partis.

Il est remarquable qu'un point situé sur
l'axe des y, à une distance de l'origine égale
à $\dfrac{b}{1 + \dfrac{b^2}{4r^2}}$, satisfait toujours à l'équation de la

courbe. C'est le nœud de cette courbe, quand
elle en a un, et quand elle n'en a pas, c'est-à-
dire quand $b > 2r$, c'est un point singulier
situé en dedans d'elle et hors de son cours. Ce
point est le seul réel d'une branche de la courbe
qui est imaginaire. Ces sortes de points, connus
depuis long-temps des analystes, s'appellent
points conjugués.

Les détails renfermés dans cette note, et
ceux qui accompagnent les planches, suffisent
pour mettre le lecteur à même de construire
une espèce de rapporteur en corne transpa-
rente, sur lequel seraient tracées les courbes

enveloppes et de recherche ; la première pour
certains cas que nous avons indiqués et la seconde pour les autres ; de façon à employer les
courbes qui changeraient le moins possible de
forme par les variations de leur paramètre.
Mais nous croyons préférable l'usage des petits
instruments que nous avons décrits, et auxquels
on sera toujours forcé d'avoir recours pour
opérer exactement, le rapporteur ne donnant
encore qu'une indication du même genre que
celle qui est donnée par la simple vue de nos épures, quoique cette indication soit plus précise.

Note B. Il est une troisième manière de ré- Explication
des fig. 18
et 19.
soudre le problème du défilement des tranchées,
ou plutôt une troisième courbe à considérer, et
l'étude n'en est pas tout-à-fait inutile, parce
qu'elle fournit encore quelques indications fort
simples sur le nombre des solutions, indications
qui ne peuvent être complétées que par la discussion d'une équation du quatrième degré.
Mais cette discussion serait tout-à-fait déplacée
ici, car il ne peut s'agir que de moyens applicables et non théoriques.

Il reste en effet à faire tomber l'indétermination sur l'indice du défilement, tandis qu'on
suppose connus le plan du terrain et le point
dangereux. Or, le théorème qui établit une re-

lation simple entre ces trois lignes, la crête, l'horizontale du terrain et celle du plan de défilement, se prête également à cette indétermination. Alors la courbe à considérer est celle que décrit un des angles aigus d'une équerre dont le second angle aigu reste sur une droite donnée, dont l'angle droit tourne sur un point fixe, et dont l'hypoténuse ou son prolongement passe toujours par un point également donné.

Cette courbe se construit fort simplement d'après sa définition même, et ce qu'il y a de remarquable, c'est qu'elle est une section conique passant par les deux points donnés et tangente, 1° à la perpendiculaire élevée au point de départ sur la ligne dangereuse; 2° à la ligne qui joint le point d à l'intersection de cette perpendiculaire et de l'horizontale du plan donné. On peut encore déterminer plusieurs diamètres de la courbe et ses asymptotes, quand elle en a, ainsi que la direction de ses axes.

Voilà donc la solution ramenée de nouveau à l'intersection d'un cercle et d'une section conique, comme dans la fig. 1 ; mais cette fois le centre du cercle est sur la courbe même au point de départ.

La courbe est une ellipse quand la circonférence décrite sur la ligne qui joint le point de départ au point d ne rencontre pas l'horizontale du plan donné. Alors il peut y avoir 0, 1, 2, 3, 4 solutions.

La courbe est une hyperbole quand la circonférence dont il vient d'être question coupe en deux points l'horizontale, et ces points de section servent à fixer les asymptotes.

Dans ce cas il y a toujours au moins deux solutions.

Enfin, quand la circonférence est tangente à l'horizontale, la courbe est une parabole, et, comme dans le cas précédent, il y a toujours au moins deux solutions.

Ainsi, le cas où il n'y a pas de solution ne peut appartenir qu'à l'ellipse; on a vu que ce cas était intéressant, non-seulement parce que c'est une opération assez longue que de le reconnaître, mais encore parce qu'il oblige à modifier soit la profondeur de la tranchée, soit l'inclinaison du plan de défilement. Il y aurait avantage à ce qu'on pût établir d'une manière simple les circonstances dans lesquelles il se produira. Ne pouvant y parvenir, nous venons de poser néanmoins les limites dans lesquelles seules il est possible. On doit ajouter qu'il faut aussi que l'indice du défilement soit plus petit que la distance du point de départ au point d, et cela est évident. D'après cette observation, toute difficulté serait résolue par la détermination d'une limite supérieure pour la longueur de l'indice, mais elle dépend de la recherche de la plus grande des racines de l'équation du troisième degré, à laquelle on est conduit quand on veut décrire un cercle tangent à une ellipse, et la pratique ne peut rien tirer d'applicable de cet abaissement du degré de l'équation à résoudre.

Le point d'intersection de la perpendiculaire à la ligne dangereuse et de l'horizontale du terrain est le pôle de la ligne dangereuse ; en le joignant au milieu de la distance qui sépare le point de départ et le point d, on a un diamètre.

Peut-être ceux qui cherchent les moyens de décrire les courbes du second degré mécaniquement, trouveront-ils à utiliser ces derniers théorèmes ? Mais nous ne croyons pas que les modifications qu'ils semblent indiquer aux instrumens décrits plus haut soient d'aucun avantage bien réel.

Note C. Les deux notes A et B renferment quelques indications succinctes sur la théorie analytique du problème du tracé des tranchées, en ce que ce problème peut présenter de plus difficile. Le lecteur suppléera facilement au reste. Cependant nous ne quitterons pas ce sujet sans donner l'équation qui lie entre eux tous les angles connus ou inconnus, qui entrent dans la question. Soit z l'angle de la projection de la tranchée avec celle de la ligne dangereuse ; soit $\mathscr{C}$

l'angle de cette dernière avec la projection de la ligne de plus grande pente du plan de cheminement ; soit désignée par cot. déf. la cotangente de l'inclinaison sur l'horizon de chacune des arètes du cône de défilement, et de même par cot. lig. d. et cot. pl. les cotangentes des inclinaisons de la ligne dangereuse et du plan de cheminement. On a

$$\sin z = \frac{\text{cot. déf.}}{\text{cot. lig. d.}} - \frac{\text{cot. déf.}}{\text{cot. pl.}} \cos z . \cos (z - \mathcal{E}).$$

Le premier terme du second membre donne la solution usitée quand le terrain est horizontal, et il en résulte deux angles z supplémentaires l'un de l'autre.

Cette équation, qu'il serait assez facile de résoudre approximativement sous cette forme, toutes les fois que le terrain de cheminement est peu incliné, est du 4e degré en $\sin z$ ou $\cos z$, et nous avons fait voir que ses quatre racines pouvaient être réelles. Ce résultat peut paraître paradoxal, mais il est incontestable et parfois il sera utile dans la pratique, en donnant une direction qui serre encore plus la place que telle autre que l'on croirait être la seule.

S'il s'agit de marcher sur un point dangereux unique, les deux ou les quatre solutions indiquent un chemin à droite et un à gauche de ce point, ou deux chemins à droite et deux à gauche. *Voyez* la fig. 10, planche V.

Note D. La construction d'un rapporteur, comme il est indiqué dans la note **A**, fait naître une question qui certainement est d'une grande importance dans les applications de la géométrie et qu'on peut considérer comme faisant partie du problème général de l'interpolation, voici l'énoncé de cette question : *Étant donné une série de courbes toutes appartenant à une même équation dont on a fait varier un paramètre par des accroissemens égaux, comment interpoler entre ces courbes, et en tracer autant d'intermédiaires qu'on voudra ?*

On peut les imaginer toutes coupées par des transversales telles que les arcs interceptés sur ces transversales soient tous égaux. Il est évident qu'alors aux premières courbes on substituera avec bien plus d'exactitude les secondes, qui pourront devenir autant d'échelles proportionnelles ressemblant aux échelles de pente d'un projet de fortification, avec cette différence qu'elles seront curvilignes. Si les courbes premières n'offrent pas de sinuosités, et si elles peuvent être tracées avec peu de points, un petit nombre de transversales suffiront pour les remplacer avec avantage. Lorsqu'on aura déjà tracé un grand nombre de courbes assez rapprochées les unes des autres, les transversales se décriront quelquefois par élémens, en portant une petite et même ouverture de compas d'une courbe à l'autre. Mais il serait mieux de savoir tracer les transversales *à priori*, et l'analyse seule peut y conduire.

Soit $a = f(x,y)$ l'équation générale des courbes, a étant le paramètre variable, ces courbes ne sont autre chose que les intersections, par une série de plans horizontaux équidistans, de la surface représentée par l'équation rapportée à trois plans coordonnés :

$$(1)\quad z = f(x,y).$$

Quand on passe d'un point d'une des courbes à un point infiniment voisin pris sur la courbe infiniment voisine, y s'accroît de dy, x de dx, a de da, et de plus l'arc décrit étant appelé ds, on a

$$ds^2 = dx^2 + dy^2.$$

Cet arc est l'arc de la transversale, il doit être tel que $\dfrac{ds}{da}$ soit constant, ainsi $\dfrac{ds}{da} = \sqrt{\dfrac{1}{c}}$, c étant une constante arbitraire, donc

$$da^2 = c(dx^2 + dy^2) \text{ ou } dz^2 = c(dx^2 + dy^2) \quad (2)$$

On déduit de l'équation (1)

$$dz = \frac{df}{dx}\,dx + \frac{df}{dy}\,dy,$$

donc,

$$dz^2 = \left(\frac{df}{dx}\right)^2 dx^2 + \left(\frac{df}{dy}\right)^2 dy^2 + 2\frac{df}{dx}\frac{df}{dy}\,dx\,dy,$$

et en vertu de l'équation (2),

$$\left(\frac{df}{dx}\right)^2 - c + \left[\left(\frac{df}{dy}\right)^2 - c\right]\left(\frac{dy}{dx}\right)^2 + 2\,\frac{df}{dx}\frac{df}{dy}\frac{dy}{dx} = 0.$$

Telle est l'équation différentielle de toutes les transversales, équation qu'il sera rarement aisé d'intégrer autrement que par approximation et par série, mais qu'il n'est pas difficile de construire élément par élément, quant on connaît l'équation des courbes données.

On peut, en faisant une application de cette formule à l'équation $y = x$ tang. a, qui est celle de toutes les droites qui passent par un même point pris pour origine des coordonnées, trouver l'équation de la circonférence pour celle des transversales, et démontrer ainsi par l'analyse cette vérité de géométrie première que les angles sont proportionnels aux arcs qu'ils embrassent entre leurs côtés.

Le tracé des transversales deviendrait une opération graphique d'intersection de surfaces, si l'équation (2) représentait une classe de surfaces; mais elle a pour intégrale générale toutes les lignes de l'espace qui ont une même inclinaison sur l'horizon. Nous abandonnons la solution complète de ce problème à ceux qui sont tout-à-fait adonnés à l'étude de l'analyse; et jusqu'à ce que l'on connaisse cette solution, on se contentera d'interpoler en divisant l'intervalle de deux courbes en parties proportionnelles, ou en construisant des profils dans la surface représentée par ces courbes.

DÉFILEMENT DES OUVRAGES

DE FORTIFICATION

PAR UN SEUL PLAN.

———

Si le calcul est utile dans ses applications aux arts, c'est surtout quand au lieu de fournir des résultats absolus, plus ou moins difficiles à réaliser dans l'exécution, et hors desquels on ne sait plus au juste ce que l'on fait, il se contente de donner des indications qu'il est permis de faire concorder avec les conditions imposées par l'art lui-même, et bien autrement importantes que l'économie ou toute autre convenance, par où la question est abordable à l'analyse mathématique; et pour traduire géométriquement cette pensée, qui est toute simple, nous disons que les courbes dont l'ordonnée va toujours en croissant dans un certain sens, et qui par cette propriété semblent se rapprocher de la ligne droite, n'offrant comme elle que des maxima ou des minima relatifs, sont celles qu'on doit désirer rencontrer toutes les fois qu'il s'agit de choisir entre un nombre infini de solutions représentées d'une manière générale par cette ordonnée. Si la courbe a un maximum ou minimum absolu facile à déterminer, elle se présentera encore avec avantage, pourvu que ce maximum ou minimum ne soit point suivi de plusieurs autres et qu'à droite et à gauche l'ordonnée aille toujours en croissant ou toujours en décroissant.

Les théorèmes que nous allons donner appartiennent à des courbes de cette nature, du moins dans l'étendue de leur cours qui nous intéresse; ce sont aussi des exemples, que nous espérons voir suivre de plusieurs autres, de l'accès que la considération des maxima et minima peut avoir dans la théorie du défilement; à ce double titre peut-être sont-ils dignes de quelque intérêt.

Je suppose qu'un ouvrage de fortification qu'on projette est tracé par sa crête sur un terrain donné, plat ou accidenté, et qu'on se propose de le défiler par un seul plan d'une hauteur située en avant de lui; les seules conditions militaires à remplir sont que ce plan rampant n'aille pas ficher dans un terrain accessible à l'ennemi, et que sa pente n'excède par une certaine fraction, par exemple $\frac{1}{10}$. Le plus ordinairement on peut *à priori* et à la simple vue désigner quel est le point de l'ouvrage le plus difficile à couvrir, celui-là est un point obligé du plan de défilement. Mais les conditions qu'on vient d'énoncer ne fixent pas encore la direction de son horizontale, on peut y adjoindre celle du minimum de relief, d'où doit résulter, soit l'économie dans le prix de la construction, soit l'économie dans la durée de l'exécution, et cette dernière condition n'est pas sans importance pour les travaux de campagne.

Le relief est mesuré par la somme des verticales comprises entre la surface apparente de l'ouvrage et celle du terrain donné, en considérant comme négatives les portions de verticales qui sont au-dessous de ce terrain, comme positives celles qui s'élèvent au-dessus de lui, de sorte que le relief est zéro quand la somme des unes égale la somme des autres, et en effet c'est le relief réputé le plus avantageux pour l'économie, à moins que le déblai n'ait lieu dans un roc dur à extraire ; on relève alors la cote du point qu'on se donne comme appartenant au plan de défilement. Mais une fois cette cote choisie, nous ne faisons qu'énoncer un principe mis journellement en pratique dans la rédaction des projets, en disant que la seule garantie d'économie qu'on puisse poser d'une manière générale est celle du minimum de la somme des verticales comprises entre la surface apparente de l'ouvrage et celle du terrain.

Nous ne ferons encore qu'avancer un principe déjà senti, quand nous dirons que le relief d'un ouvrage devient un maximum ou un mi-

nimum, à peu près en même temps que la somme
des perpendiculaires abaissées de tous les points
de sa crête sur un plan horizontal, pourvu que
cet ouvrage offre sur tout son pourtour une
bande d'égale épaisseur, par conséquent qu'il
soit un ouvrage vide. Le principe serait rigoureu-
sement vrai, sans les allongemens que prennent
les talus à mesure que le relief s'élève, on plutôt
si les accroissemens triangulaires de volume qui
résultent de ces allongemens étaient proportionnels à leur hauteur ; comme ils sont proportionnels aux quarrés de cette hauteur, le principe
est un peu inexact, mais l'erreur est évidemment
fort petite en général, surtout quand les talus
d'escarpe et de terre-plein sont des talus re-
vêtus. La forme du terrain peut être quelconque, pourvu qu'elle ne favorise pas trop l'al-
longement des talus, et par conséquent que
la projection horizontale de l'espace annulaire occupé par l'ouvrage reste sensiblement
la même dans les variations du relief. Ce principe suppose encore une égale largeur dans les
parapets, les banquettes, les terre-pleins; et cela
a lieu ordinairement ainsi; mais de petites variations dans ces dimensions lui laissent toujours
une exactitude suffisamment approchée. On re-
marquera que le relief ne peut pas être propor-
tionnel à la somme des hauteurs de la crête au-
dessus d'un plan horizontal, mais il se compose

d'une partie constante et d'un terme propor-
tionnel à cette somme, il est donc un maximum
ou un minimum avec elle.

Enfin si l'ouvrage est plein, il résulte des
mêmes considérations et de ce que le terre-plein
est parallèle au plan rampant, que le maximum
ou minimum de relief a lieu en même temps que
le maximum ou le minimum de la somme ou de
l'intégrale de toutes les perpendiculaires abaissées des points de ce plan, qui se trouvent enfer-
més par la crête (ou plus exactement par le pied
des talus extérieurs tracé d'une manière approchée), sur un plan horizontal inférieur.

Ces choses posées, on va voir que cette somme
ou intégrale est liée fort simplement avec la position relative de la hauteur dangereuse et du
centre de gravité du contour, ou de la surface
embrassée par le contour de la crête en projection.

Soit PQRSO (*fig.* 1) un ouvrage qu'il faut dé- Planche 1
filer d'un point projeté en X,

OT la direction inconnue de l'horizontale du
plan de défilement,

θ l'angle XOT qui doit fixer cette horizontale,

R le rayon vecteur OX pris en projection,

α l'angle *m*FX que fait avec OX un rayon vecteur allant du point O à un point de la crête
m situé à droite de OX,

α' l'angle m'OX d'un rayon vecteur de gauche avec la même ligne OX,

$$Om = r,$$
$$Om' = r',$$

H la hauteur du point dangereux projeté en X au-dessus du plan horizontal passant par le point de départ O de la crête,

h le relief d'un point projeté en m au-dessus du même plan;

h' celui d'un point projeté en m'.

Il est bien aisé de voir que l'on a :

$$h = \frac{mB}{XA},$$
$$XA = R \sin \theta,$$
$$mB = r \sin (\theta - \alpha),$$
$$m'B = r' \sin (\theta + \alpha').$$

En sorte que

$$h = H \frac{r}{R} \frac{\sin (\theta - \alpha)}{\sin \theta} = \frac{H}{R} \left(r \cos \alpha - \frac{r \sin \alpha}{\tang \theta} \right),$$
$$h' = \frac{H}{R} \left(r' \cos \alpha' + \frac{r' \sin \alpha'}{\tang \theta} \right).$$

Et en passant à la somme des reliefs $\Sigma h + \Sigma h'$ ou simplement Σh.

$$\Sigma h = \frac{H}{R} \left(\Sigma r \cos \alpha + \Sigma r' \cos \alpha' - \frac{\Sigma r \sin \alpha - \Sigma r' \sin \alpha'}{\tang \theta} \right).$$

Lorsque par la position du point dangereux la ligne OX coupera le contour de l'ouvrage de telle manière que $\Sigma r \sin \alpha - \Sigma r' \sin \alpha'$ soit positif, la somme des reliefs ira en croissant et en décroissant dans le même sens que θ, cet angle pouvant être aigu, droit ou obtus.

Lorsque $\Sigma r \sin \alpha - \Sigma r' \sin \alpha'$ sera négatif, la somme des reliefs ira en décroissant à mesure que l'angle θ augmentera.

Enfin si $\Sigma r \sin \alpha - \Sigma r' \sin \alpha' = 0$, l'angle pourra être quelconque et l'horizontale avoir telle direction qu'on voudra, le relief sera toujours le même.

Mais l'intégrale $\Sigma r \sin \alpha - \Sigma r' \sin \alpha'$ n'est autre chose que la somme de toutes les perpendiculaires abaissées de tous les points du contour sur la ligne OX, en considérant comme négatives celles qui sont d'un côté de cette ligne et comme positives celles qui sont de l'autre côté, et l'on sait comment cette intégrale entre dans la détermination du centre de gravité d'un nombre fini ou infini de points matériels jouissant tous du même poids.

Donc *on aura le minimum de relief en incli-* 1er théorème *nant le plus possible l'horizontale du côté du centre de gravité du contour de l'ouvrage;* et tel est le premier théorème fort simple auquel nous voulions parvenir. On arrêtera cette rotation dès que le plan viendra à ficher dans un terrain de revers accessible à l'ennemi, ou qu'on rencontrera un second point de la crête de l'ouvrage. Ce théorème se prête donc très bien, ainsi qu'on l'a annoncé, à ce que les conditions militaires soient remplies d'abord : celle de l'économie l'est ensuite autant que les premières le permettent ; c'est le caractère auquel on reconnaît la meilleure solution possible.

De plus, supposons que l'on estime parallèlement à OX la distance du centre de gravité C à l'horizontale, et faisons cette distance CD égale à d. Appelons S la valeur linéaire du contour défensif de l'ouvrage, il est aisé de reconnaître que l'on a

$$\Sigma h = \frac{HSd}{R}.$$

De cette formule très simple on déduit que le relief total d'un ouvrage vide et d'un tracé donné se compose d'une partie constante ou à peu près telle, puis d'une partie directement proportionnelle à la hauteur du point dangereux, et inversement proportionnelle à la distance horizontale de ce point à la gorge de l'ouvrage.

On déduit encore de cette formule que sur un terrain horizontal et pour un plan rampant donné, les accroissemens de relief sont proportionnels aux petits déplacemens éprouvés par le centre de gravité de l'ouvrage, et estimés parallèlement au rayon OX. Car dans ces déplacemens suivant que le point O restera fixe ou sera rendu mobile, le rapport $\frac{H}{R}$ ne variera pas ou variera extrêmement peu, parce que la distance R est ordinairement extrêmement grande relativement à ces déplacemens, et que nous supposons l'emplacement de l'ouvrage à peu près fixé.

Le même principe subsiste quand on fait varier le plan rampant, pourvu que les déplacemens du centre de gravité soient pris relativement à l'horizontale du plan, en sorte que le relief reste le même quand le déplacement du centre de gravité estimé sur une parallèle à OX, est compensé par celui de l'horizontale.

Avec un plan rampant donné, il faut, si l'on veut avoir le minimum de relief, faire tourner l'ouvrage sur lui-même de manière à rapprocher autant que possible son centre de gravité de l'horizontale, mais cela suppose nécessairement le terrain horizontal ou sensiblement tel.

Revenons au cas où c'est la position du plan qui est inconnue et non celle de l'ouvrage. La meilleure direction de l'horizontale dépend donc de la position du point dangereux par rapport à une certaine ligne à laquelle on pourrait donner le nom d'*axe des reliefs équivalens*. Ces axes, comme les axes d'élasticité, passent toujours par le centre de gravité, et leurs propriétés sont plutôt celles de ce centre que les leurs propres. Celle qui les distingue est celle-ci : *Ils divisent un contour linéaire, ou la surface qu'il embrasse, de telle manière que ce contour devenant la base d'un cylindre vertical, en même temps que l'axe devient la trace d'un plan vertical, et ce cylindre étant coupé par un plan oblique quelconque, le relief du cylindre ainsi tronqué reste le même lorsque le plan tronquant prend toutes les directions possibles, pourvu qu'il rencontre toujours le plan vertical suivant la même ligne.*

Par relief il faut entendre ici, soit la surface du cylindre tronqué, soit son volume, soit le tronc d'un cylindre annulaire ayant une certaine épaisseur et vide au milieu, suivant qu'on considère le contour de la base, tous les points de la surface de cette base, ou un simple anneau de cette surface.

Ainsi, quand on aura à défiler un ouvrage plein, le théorème que nous avons démontré et toutes les propositions qui en découlent devront s'entendre du centre de gravité de la surface embrassée par le contour des magistrales, et la lettre S représentera cette surface.

2ᵉ théorème.
Fig. 2 et 3.

Je passe maintenant au cas plus général et plus fréquent de plusieurs hauteurs dangereuses dont on a à se défiler. On les imaginera jointes par des lignes ou rayons tangentiels avec le point de la gorge qui sert de point de départ, puis faisant passer des plans par ces rayons pris deux à deux, on supposera que tous les sommets dangereux soient enveloppés par un angle solide po-

lyédrique convexe dont chaque face jouira de
la propriété de s'appuyer sur deux sommets
et de laisser tous les autres au-dessous de lui,
Alors chacun de ces plans pourra être pris pour
plan rampant. Mais je dis qu'*entre tous celui qui
donne le minimum de relief est celui qui s'appuie sur deux sommets situés, l'un à droite,
l'autre à gauche de l'axe des reliefs équivalens.*
En effet, comparez ce plan avec son voisin de
droite, qui a avec lui un rayon tangentiel commun ; en vertu de notre premier théorème,
l'horizontale de ce second plan fait avec la
projection du rayon tangentiel commun et du
côté du centre de gravité, un angle plus grand
que le premier, donc il donne un plus grand
relief. Par le même motif, ce second plan
donne moins de relief que celui qui le suit à
droite, et ainsi de suite. Un raisonnement sem-
blable pouvant se faire pour les faces de l'angle
solide qui s'étendent à gauche de l'axe, notre
proposition se trouve démontrée.

Enfin, quand au lieu de hauteurs isolées, on
a une chaîne continue, les rayons tangentiels forment un cône; si ce cône présente vers le ciel
des concavités, qui permettent de lui mener un
plan ou plusieurs plans tangens à la fois suivant
deux génératrices, ces plans formeront autant
de plans rampans entre lesquels *on choisira pour
avoir le minimum de relief celui qui passera par*

deux génératrices embrassant entre elles l'axe des reliefs équivalens. Il peut arriver que les deux génératrices soient infiniment voisines l'une de l'autre ; on tombe alors dans le cas d'un cône entièrement convexe vers le ciel, et dans ce cas *le plan tangent du minimum de relief est celui qni renferme la génératrice dont la projection se confond avec l'axe.* Ces différentes propositions, qui n'en font qu'une, forment notre second théorème, lequel constitue pour cette espèce d'axes une propriété tout aussi caractéristique et tout aussi remarquable que la première.

Ce second théorème diffère du premier en ce qu'il présente un minimum absolu. Il n'est cependant pas moins applicable ; car s'il arrive que le plan, qui donne un minimum absolu de relief, aille ficher dans un terrain de revers accessible à l'ennemi, et situé, je suppose, à droite de l'ouvrage, la démonstration même du théorème indique qu'il faut faire rouler le plan de défilement sur le cône ou sur l'angle solide vers la gauche, jusqu'à ce qu'on échappe entièrement aux vues de revers ; toutefois la forme du cône peut être telle, que le plan conserve toujours la même génératrice tout en changeant d'horizontale ; c'est ce que l'on voit dans la figure 2, et ce qui arrivera souvent quand au lieu d'un cône on aura un angle solide polyédrique. On retrouve donc, dans quelques cas, la construction usitée, qui consiste à choisir de tous les plans le premier qui laisse au-dessous de lui tout terrain dangereux de face ou de revers. Cette construction donne donc quelquefois le minimum de relief, et quelquefois aussi elle ne le donne pas.

Si, en évitant des revers situés à droite, on tombe dans d'autres situés à gauche, le défilement est impossible par un seul plan, et il faut ou relever la cote du point de départ, ou restreindre le défilement, ou employer plusieurs plans et introduire des traverses, ou enfin n'adopter qu'un seul plan, et le faire passer par-dessus tous les points dangereux de face et de revers, ce qui n'est pas ordinairement le moyen de réduire les reliefs, mais bien plutôt de les augmenter.

Nous critiquerons encore la règle trop généralement suivie en présence de deux hauteurs situées de face, et qui revient à appuyer le plan tangent sur ces deux hauteurs, ou même s'il y en a trois, à le faire passer par toutes les trois, en déterminant par ce moyen, la cote du point de départ. Je sais que guidé par le simple tact on s'écarte souvent de cette règle, mais il était bon de substituer une vérité géométrique, d'un énoncé fort court, à ces appréciations de sentiment; et l'on conçoit maintenant que cette règle n'est exacte qu'autant que les deux ou les trois sommets dangereux ne sont pas situés du méme côté de l'axe des reliefs équivalens ; car lorsqu'on a plusieurs saillans ou un cône entier situés d'un même côté de l'axe, on rentre dans l'application du 1er théorème, en cela qu'aucun minimum n'est possible, mais avec cette modification qu'au lieu de passer toujours par le même point dangereux, le plan doit rouler sur le cône ou sur l'angle solide qui les enveloppe tous de manière à rapprocher de l'axe, autant qu'il est permis de le faire, le rayon tangentiel sur lequel le plan s'appuiera définitivement ; l'horizontale s'inclinera ainsi le plus possible vers le centre de gravité ; et c'est là le sens qu'il faudra souvent dans la pratique donner au 1er théorème, car on sait qu'une hauteur ne peut pas toujours être supposée réduite à un point unique, même approximativement.

Quoi qu'il en soit, toutes les fois que la solution par le cône sera possible, nos théorèmes donneront ou un minimum relatif, ou un minimum absolu, et ils apprendront toujours comment on satisfait à l'économie après avoir rempli les conditions militaires plus essentielles : c'est un des caractères sans lesquels il n'y pas de construction parfaite, et sans lequel on peut dire que la fortification se présenterait moins comme un art difficile, que comme l'application uniforme de quelques types appelés systèmes.

FIN.

Note sur la page 48.

Il est difficile que ce que nous disons ici sur le vo‑
lume ou la surface d'un tronc de prisme ou de cylindre
droit ne soit pas déjà connu, et même sous un énoncé
plus général; car le plan tronquant peut être quel‑
conque, le relief ne change pas, pourvu que le plan
rencontretoujours au même point la verticale élevée
sur le centre de gravité de la surface ou du périmètre
de la base. De là un moyen de cuber des déblais ou
des remblais, spécialement dans nos projets, quand
on peut avoir exactement ou à peu près le centre de
gravité de leur base. Mais nos théorèmes résident en
entier dans la considération du minimum de relief, et
non dans cette propriété presque évidente d'elle-même,
et qui d'ailleurs appartient plus à la géométrie qu'à la
fortification.

Quant aux théorèmes eux-mêmes, il résulte de leur
démonstration, et il est évident à priori, qu'on réduit
le relief d'un point pris isolément à mesure que l'on
rapproche de ce point l'horizontale du plan rampant,
ce rapprochement ayant lieu du côté opposé à la hau‑

teur dangereuse , et de manière à ce que le point considéré soit toujours compris entre elle et l'horizontale. Or, il est clair que cela permet d'atténuer beaucoup, et pour ainsi dire à volonté, le relief de tel ou tel angle de l'ouvrage, par exemple du saillant, et de ne pas dépasser en ce point une cote donnée, seule condition qu'on se soit imposée jusqu'à présent dans la rédaction des projets, pour ne pas avoir des remblais trop considérables, mais qu'il paraît plus raisonnable, en général, de subordonner au minimum de relief de l'ouvrage entier, dès que toutes les conditions militaires de commandement sont satisfaites.

LÉGENDE

ET

Explication des Planches.

FIGURE 1.

Solution par l'intersection du plan de cheminement, relevé de 1ᵐ, 3o, avec le cône dont toutes les génératrices ont sur l'horizon l'inclinaison attribuée au plan de défilement et mesurée dans le plan perpendiculaire à la projection de la tranchée.

———

FIGURE 2.

Solution par une courbe de recherche, imaginée par M. le colonel Vaillant.

FIGURE 3. (*Théorème.*)

L'horizontale du plan de défilement et la projection
de la crête sont telles, que la perpendiculaire élevée
en un point de celle-ci et limitée à celle-là, a une
longueur constante quel que soit le terrain de cheminement. Cette longueur est égale à la cotangente de l'inclinaison donnée, si la différence des cotes du point et
de l'horizontale est égale à 1.

FIGURE 4 et 5.

Constructions qui se déduisent du théorème énoncé
ci-dessus, la vraie direction de la crête étant à peu près
connue, ainsi que cela a presque toujours lieu dans la
pratique.

FIGURE 4 (*Application*).

Par un arc de courbe
enveloppe.

FIGURE 5 (*Application*).

Par un arc de la courbe
de recherche, tracée plus
simplement que fig. 2.

FIGURE 6. (*Application usuelle.*)

—

FIGURE 7.

Petit instrument à pivot variable. Le pivot qui n'est pas figuré ici, doit avoir la tête un peu large et très plate.

—

FIGURE 7 *bis.*

Instrument à pivot fixe.

FIGURE 8. (*Étude.*)

Courbe enveloppe de toutes les positions de l'horizontale du plan de défilement. Cas où la distance de deux horizontales du plan de cheminement est plus grande que deux fois l'indice de l'inclinaison, ou égale à 2 fois cet indice. Construction du point singulier x, qui satisfait à l'équation de la courbe, quoique en dehors de son cours. On prend $cb = oa$, on joint ob ; on prend $oe = oa$, puis $oy = f$. La construction en points longs exprime ce qu'il faut faire pour tracer une tangente, quand son intersection avec la directrice sort du papier ; il suffit de faire l'angle oAD $=$ EBF .

Si le point d des épures précédentes est en dedans de la courbe , point de solution ; s'il est sur la courbe 1 solution ; s'il est en dehors 2 solutions ; jamais 3 ni 4 solutions.

FIGURE 9. (*Étude.*)

Courbe enveloppe; cas où l'intervalle de deux horizontales du plan de cheminement est plus grand que l'indice de l'inclinaison, et plus petit que deux fois cet indice. Construction du point de départ sur la circonférence de la tangente qui passe par le point de rebroussement. On prend $ab' = cb$, $au = \dfrac{ao}{2}$, on décrit du point o l'arc $b'g$, on mène l'horizontale gg'. Détermination du point de contact d'une tangente, à l'aide d'une droite passant par ce point et par l'origine o. Soit g' le point de départ de la tangente : décrivez un arc avec oa pour rayon, prenez l'arc g'B $= g'b$, A P' $=$ o P, QB' $=$ PB ; le point y appartient à la droite cherchée.

Même observation que ci-dessus sur le nombre des solutions, excepté qu'il y a trois ou quatre solutions quand le point dangereux d tombe dans le petit espace vvx ou sur ses bords,

Nota. Les constructions indiquées Planches IV sont générales et applicables aux quatre cas.

FIGURE 10. (*Étude.*)

Courbe enveloppe de l'horizontale des plans rampants jouissant de l'inclinaison donnée. Cas où cette inclinaison est égale à celle du plan de cheminement.

Construction du nœud de la courbe. On a aussi $ac = \dfrac{oa}{5}$. Construction des points A où la courbe rencontre une parallèle à la directrice menée par le centre du cercle ; $gt = \dfrac{gc}{9}$. Ces trois constructions ne s'appliquent point aux autres cas.

Toutes les fois que le point d est dans l'espace asymptotique il y a 4 solutions. Dans l'intérieur de la courbe il n'y en point, sur la courbe il y en a une, à l'extérieur 2 ou 4 ou 3.

———

FIGURE 11. (*Étude.*)

Courbe enveloppe de l'horizontale des plans de défilement, jouissant de l'inclinaison donnée. Cas où cette inclinaison est moins raide que celle du plan de cheminement.

Construction des deux asymptotes, des deux points où la courbe est tangente à la directrice et du nœud de la courbe. On a hachuré les espaces angulaires, indéfinis on limités, où doit se trouver le point d pour qu'il y ait 4 solutions. C'est comme plus haut, tout l'espace compris entre la courbe et sa directrice. Du reste même observation que ci-dessus relativement au nombre des solutions.

Nota. Les constructions indiquées Planche V sont générales et applicables aux quatre cas, en n'exceptant que celles qu'on a mentionnées.

FIGURE 12. (*Étude.*)

Courbe de recherche. Construction substituée à celle de la figure 2. Cas où l'inclinaison de la ligne dangereuse est plus raide que celle du défilement, mesurée selon l'usage dans le plan perpendiculaire à la projection de la tranchée.

———

FIGURE 13. (*Étude.*)

Courbe de recherche. Cas où l'inclinaison de la ligne dangereuse est égale à celle du plan de défilement.

Il est digne de remarque que la perpendiculaire AB fait partie de la courbe. A mesure que le point *d* s'avance dans le cercle, cette perpendiculaire s'infléchit à gauche, de manière à produire la figure 12; et à mesure que le point *d* sorti du cercle s'en éloigne, elle s'infléchit à droite, de manière à produire la fig. 14. La partie en forme de ganse reste à peu près fixe.

FIGURE 14. (*Étude.*)

Courbe de recherche. Cas où la ligne dangereuse est d'une inclinaison plus raide que ne le marque l'indice du défilement.

———

FIGURE 15. (*Application usuelle.*)

Tracé de plusieurs tranchées consécutives. Moyen simple de fixer le point dangereux d pour chaque tranchée.

Pour le premier point de départ 1 on fixe le point d, en traçant dans son entier la ligne dangereuse, mesurant sa longueur, la divisant par la totalité de sa pente et transformant le quotient à l'échelle de l'opération. Mais pour le second point 2, il suffit de tracer un bout de la ligne dangereuse et de lui mener une parallèle par le point de départ précédent qui est 1. Cette parallèle, étant limitée à l'horizontale du plan qui défile la tranchée 1 2, représente la longueur qui mesure pour 1 mètre de pente l'inclinaison de la ligne dangereuse 2; et de même des points suivans.

FIGURE 16.

Tracé et défilement de la communication entre deux forts, en présence d'une ligne de hauteurs dangereuses.

FIGURE 17.

Théorème sur les tranchées courbes ou polygonales, pouvant servir à vérifier leur tracé. A A A, crête d'une portion de parallèle défilée à $\frac{1}{12}$ du point dangereux 10.

B B B, courbe qui résulte de l'intersection d'un cône dont le sommet est au point 10 et dont la directrice est la crête même de la tranchée, par un plan à la cote 34. Cette courbe B B B est la perspective de ladite crête vue du point 10.

La vérification consiste en ce que, chaque normale à la courbe A A A étant prolongée d'une quantité égale à 12 fois la différence entre 34 et la cote du point de A A A d'où part cette normale, fixe un point nouveau qui, joint à la perspective du premier prise sur B B B, trace une tangente à cette courbe B B B.

Si le défilement a lieu plus qu'il n'est nécessaire, cette droite tracée n'est pas tangente ; mais la vraie tangente passe au-delà de cette droite par rapport à la courbe A A A ; elle est entre les deux au contraire, si le défilement est insuffisant. En d'autres termes, le point où la tangente à la courbe B B B, rencontre la normale à la courbe A A A, fixe une longueur de normale plus grande que 12 fois la différence du niveau, si le défilement est plus que suffisant; moins grande si ce défilement n'a pas lieu, et le rapport de la normale à la cote d'élévation au-dessus du plan sécant horizontal, donne l'indice du défilement de chaque portion successive de la crête.

FIGURE 18.

Construction des tranchées par l'intersection d'un cercle et d'une section conique, le cercle du centre étant au point de départ. Cas de l'ellipse, la $\frac{1}{2}$ circonférence décrite sur $o\,d$ ne rencontre pas la directrice. Construction d'un point m quelconque, des deux tangentes en o et d et du centre de la courbe.

Les rayons qui passent par les intersections sont perpendiculaires aux tranchées défilées. On ne les a pas tracées non plus que ces tranchées.

Dans le cas de l'ellipse o, 1, 2, 3, 4 solutions possibles.

———

FIGURE 19.

Cas de l'hyperbole, la $\frac{1}{2}$ circonférence décrite sur $o\,d$ rencontre la directrice. Les deux points de rencontre joints au point d, donnent deux parallèles aux asymptotes.

Au cas de l'hyperbole il ne peut y avoir moins de 2 solutions.

Le cas de la parabole est intermédiaire entre ces deux cas, c'est celui où la $\frac{1}{2}$ circonférence décrite sur $o\,d$, est tangente à la directrice. Alors il y a toujours deux solutions et il peut y en avoir quatre ou trois comme au cas de l'hyperbole.

FIGURE 1.

C est le centre de gravité du contour P Q R S O.

Quand l'ouvrage est plein c'est celui de la surface O P Q R S, ou plus exactement de la surface comprise entre les pieds des talus extérieurs ou les magistrales. Mais il est évident que pour la pratique tous ces centres peuvent être considérés comme se confondant en un seul qu'on ne s'avisera jamais de calculer exactement.

———

FIGURE 2.   FIGURE 3.

Si le plan tracé en lignes pleines allait ficher dans un terrain bas, accessible à l'ennemi et situé à droite, on ferait rouler ce plan sur le cône vers la gauche, jusqu'à la position ponctuée où il défile l'ouvrage des vues de revers, ce qui revient alors à la construction en usage. On aura toujours ainsi le relief minimum entre tous ceux qui satisfont aux conditions militaires.

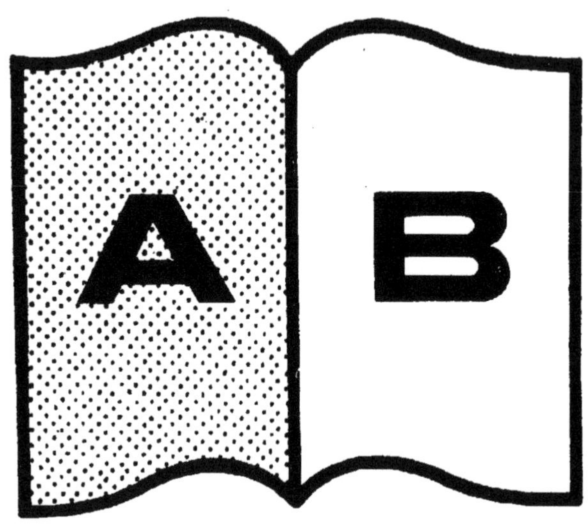

Contraste insuffisant

NF Z 43-120-14

Contraste hétérogène

Conforme à l'original

**VALABLE POUR TOUT OU PARTIE
DU DOCUMENT REPRODUIT**

Défilement des tranchées dans les projets d'attaque.

Pl. 1.

Figure 1. (Historique)

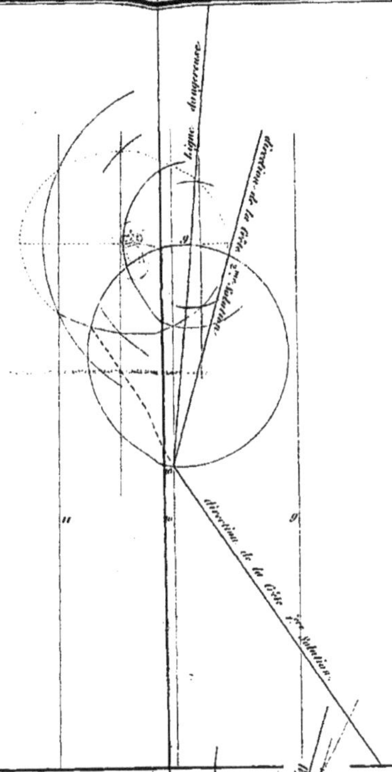

Fig. 2. (Historique)

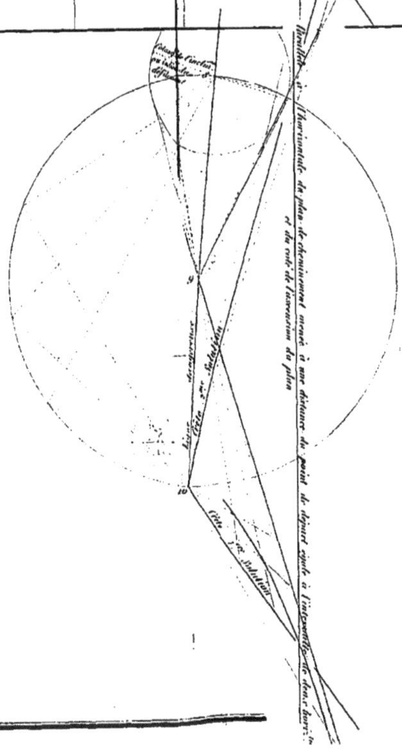

Gravure sur pierre de Bouchard et Comp.

Passage des P.tes Ecuries, N.26.

Défilement des tranchées dans les projets d'attaque.

Pl. 2.

Fig. 3. (Démonstration)

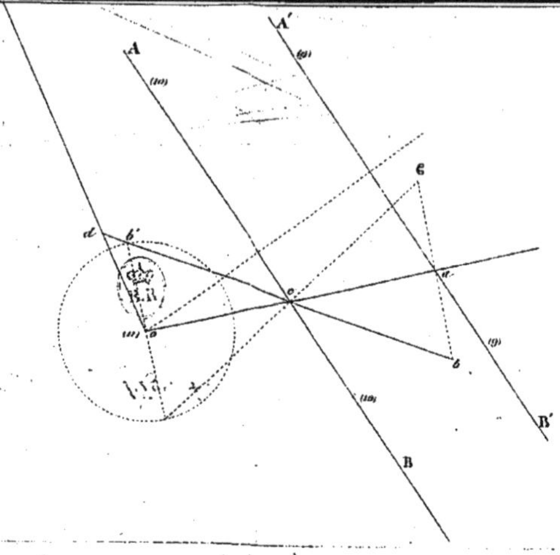

Fig. 4.

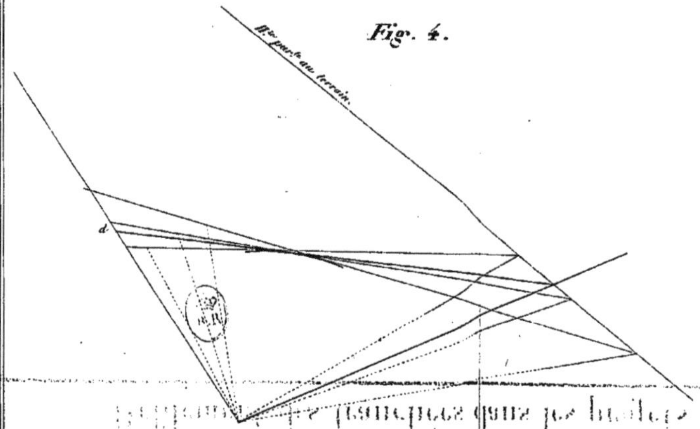

Fig. 5.

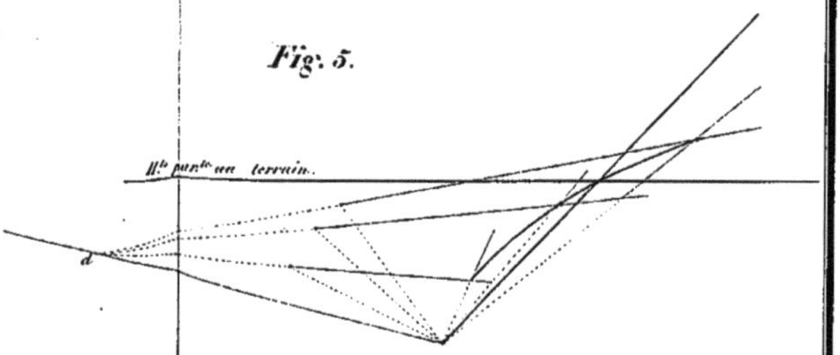

Gravure sur pierre de Bouchard et Compe

Défilement des tranchées dans les projets d'attaque.

Fig. 6.

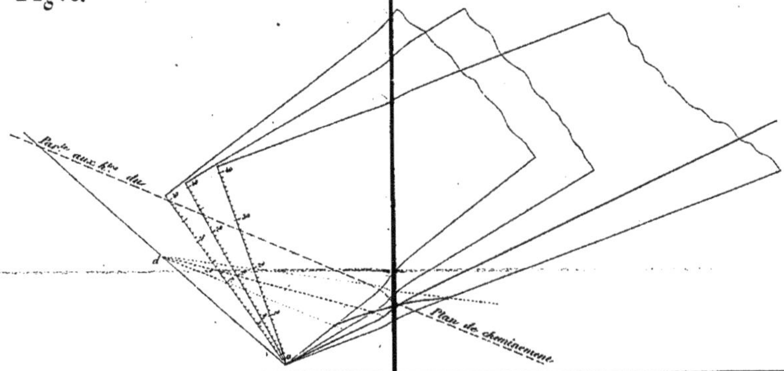

Fig. 7.

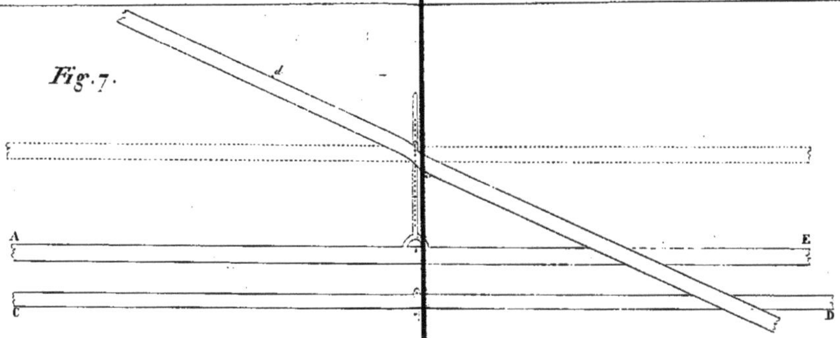

Fig. 7.bis

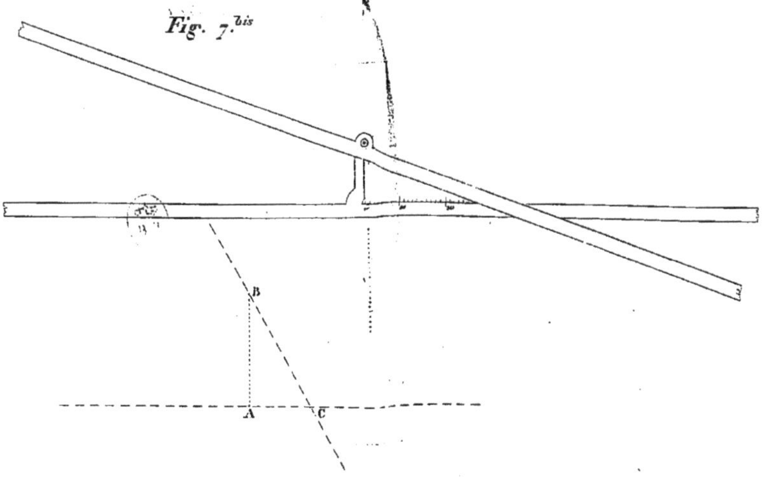

Gravure sur pierre de Bouchard et Comp.ie

Défilement des tranchées dans les projets d'attaque.

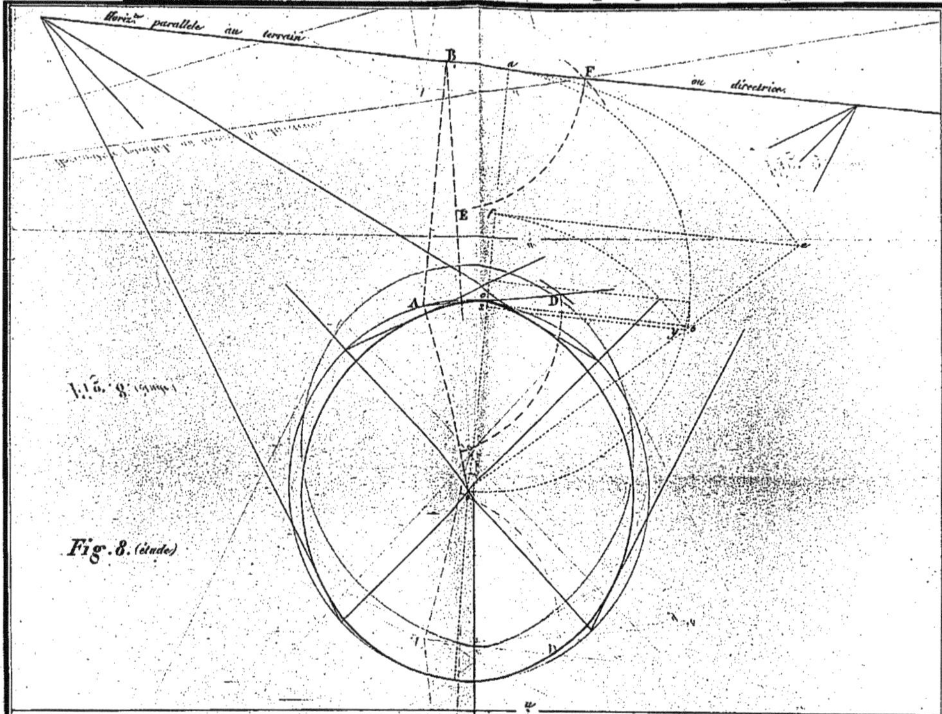
Horiz.le parallèle au terrain ou directrice.
B
a
F
E
A
D

Fig. 8. (étude)

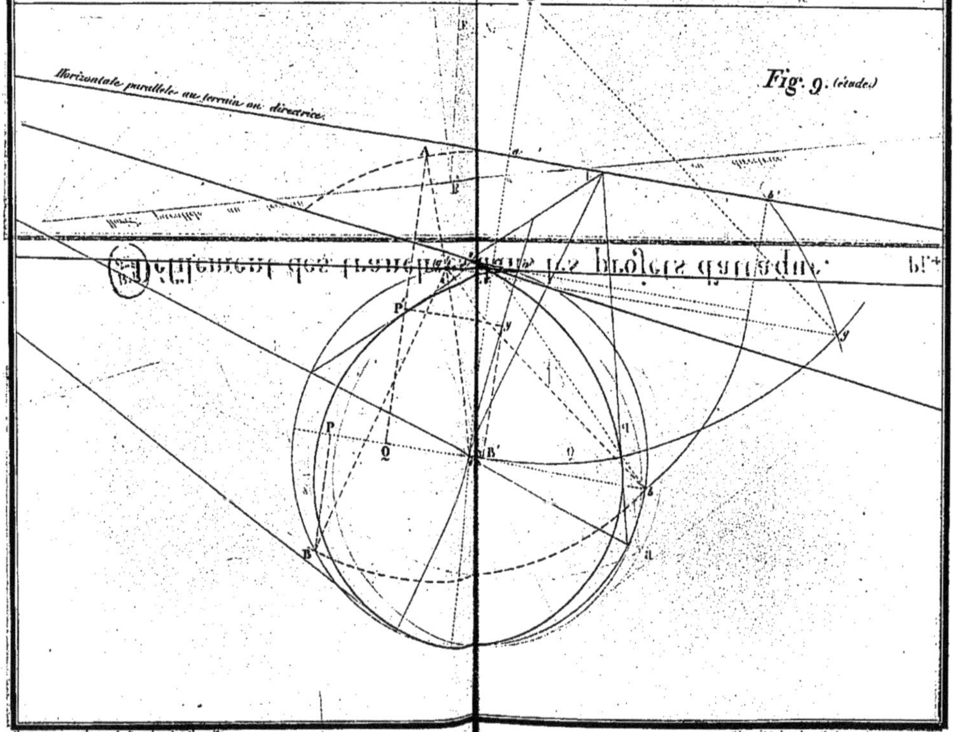
Horizontale parallèle au terrain ou directrice.
A
a
B
P
Q
B'
b

Fig. 9. (étude)

Gravure sur pierre de Bouchard et Comp.ie

Fig. 10. *(études)*

Fig. 11. *(études)*

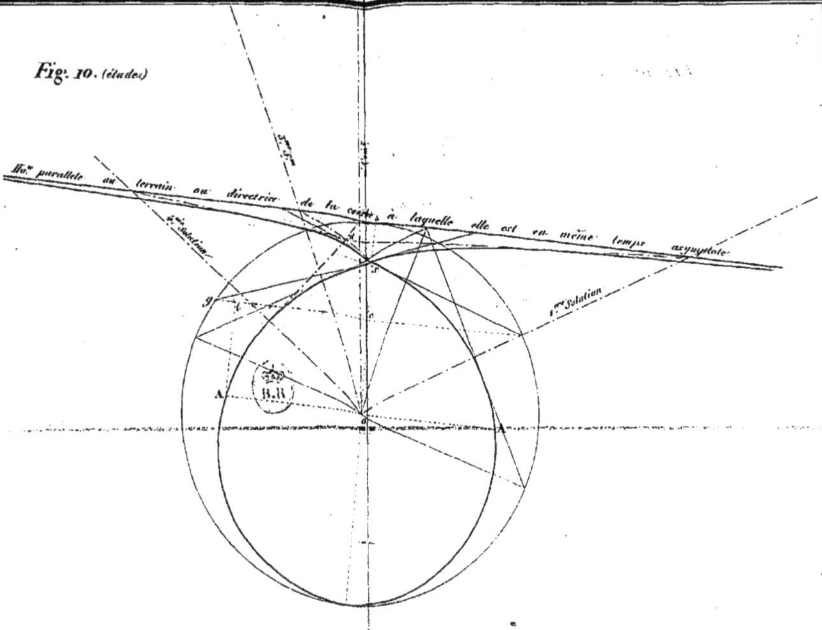

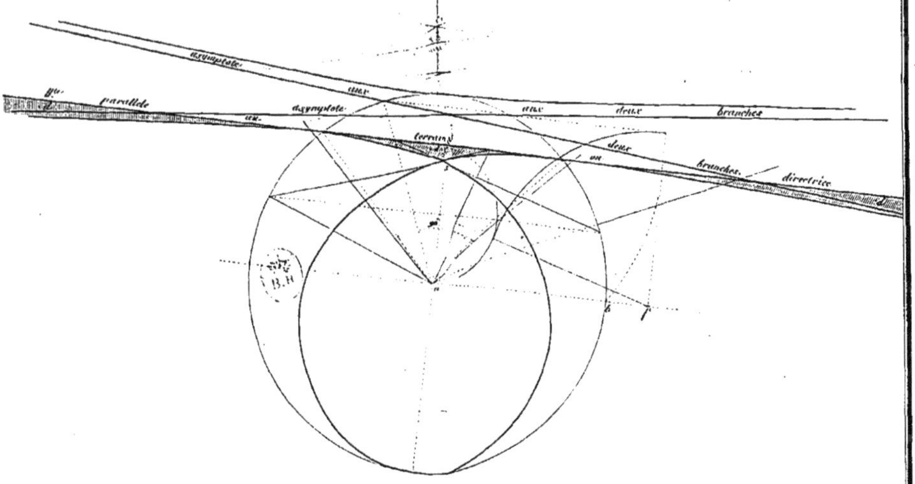

Défilement des tranchées dans les projets d'attaque.

Fig. 12. (*étude*)

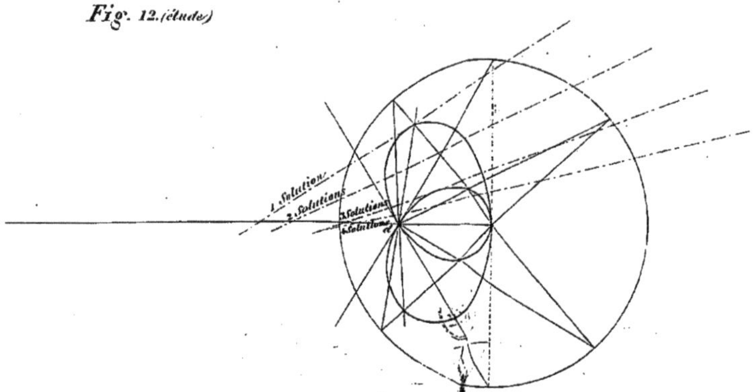
1 Solution
2 Solutions
3 Solutions
4 Solutions
a

Fig. 13. (*étude*)

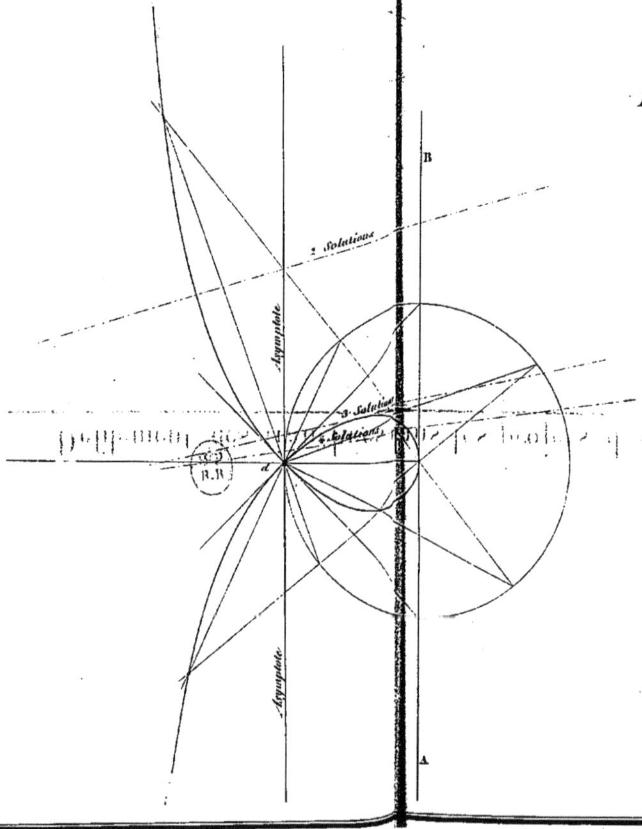
B
2 Solutions
Asymptote
3 Solutions
4 Solutions
a
Asymptote
A

Gravure sur pierre de Bouchard et Comp.ie

Défilement des tranchées dans les projets d'attaque.

Fig. 14. (Etude)

une seule Solution
2 Solutions
Asymptote
3 Solutions
4 Solutions
Ligne dangereuse
d
Asymptote

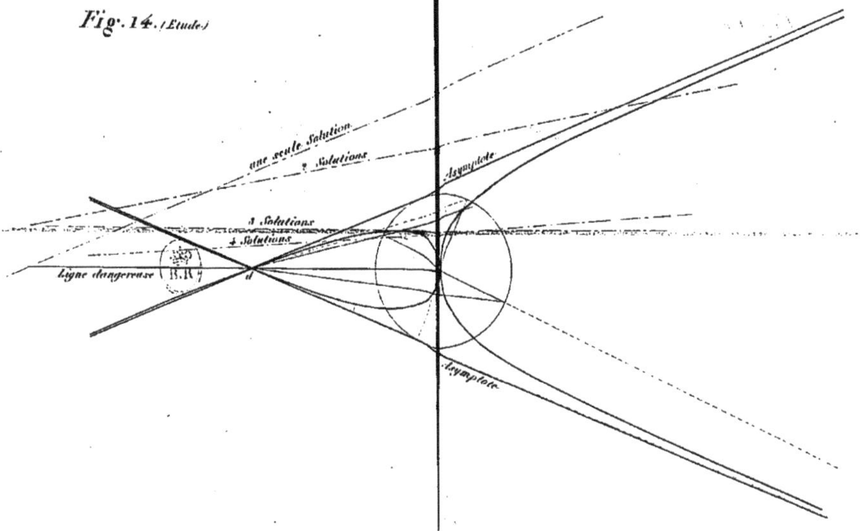

Fig. 15.

Ligne dangereuse
Ligne dangereuse
Ligne dangereuse
Hr parle au terrain de la tranchée 2-3.
d
Hr parle au terrain de la tranc.e 1-2.
d
Hr du plan de Déf.n de la tranchée 2-3.
Hr du plan de Déf.n de la tranchée 1-2.
d
1
2
3

Gravure sur pierre de Bouchard et Comp.e

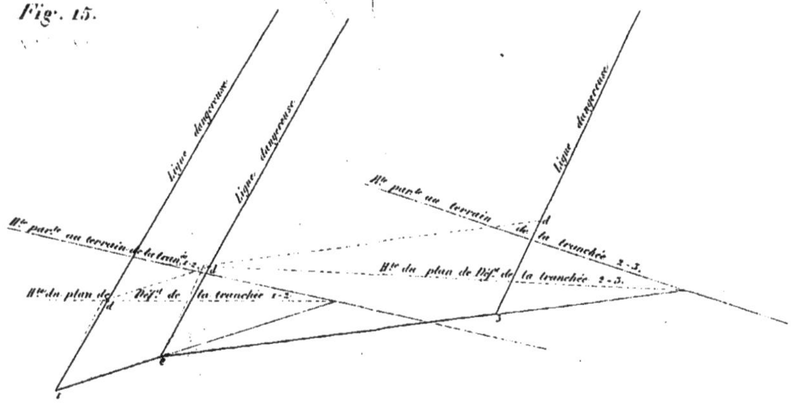

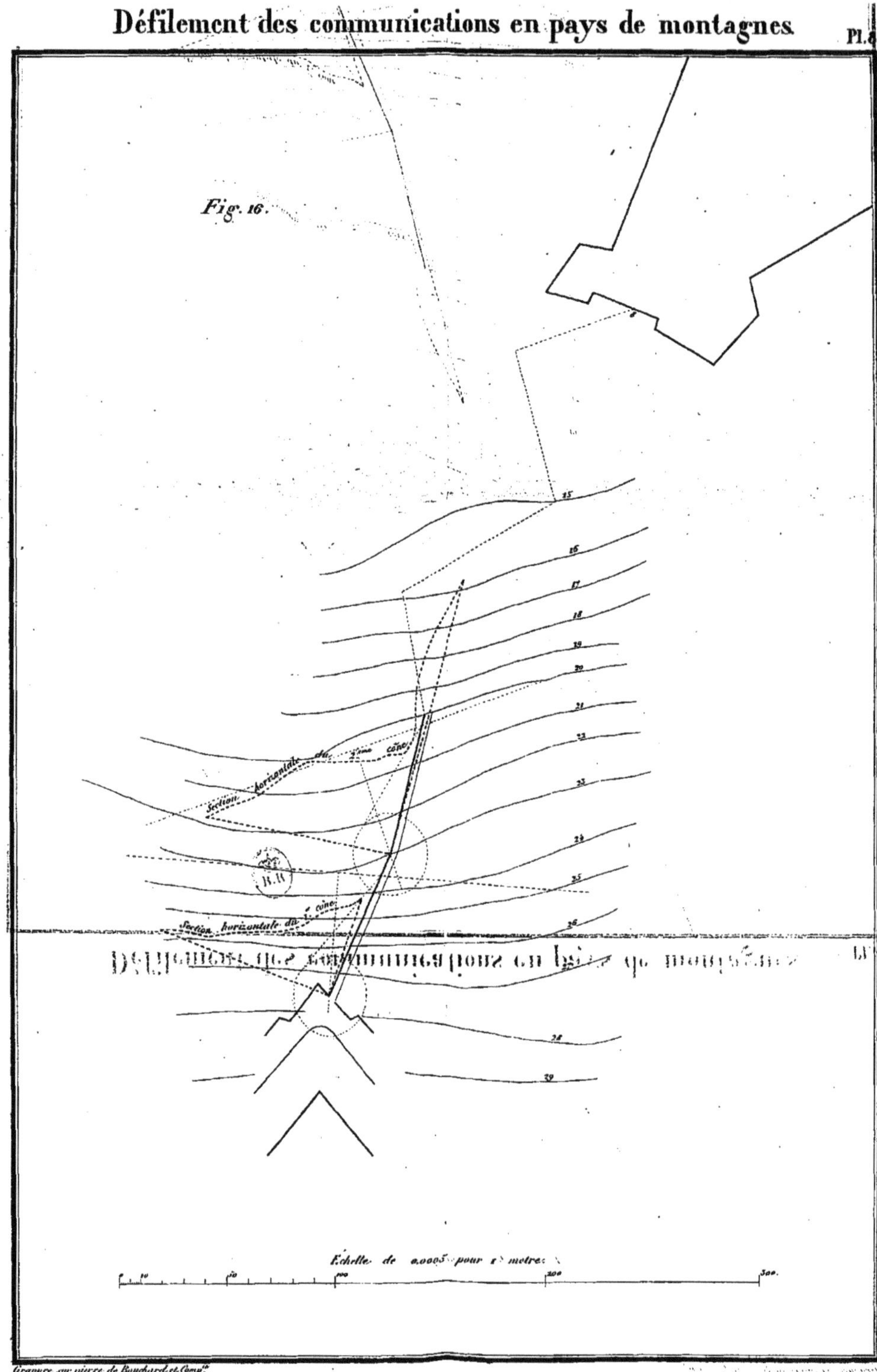
Fig. 16.
Section horizontale du 2.me cône
Section horizontale du 1.er cône
Échelle de o.ooo5 pour 1 metre.
10
50
100
200
300

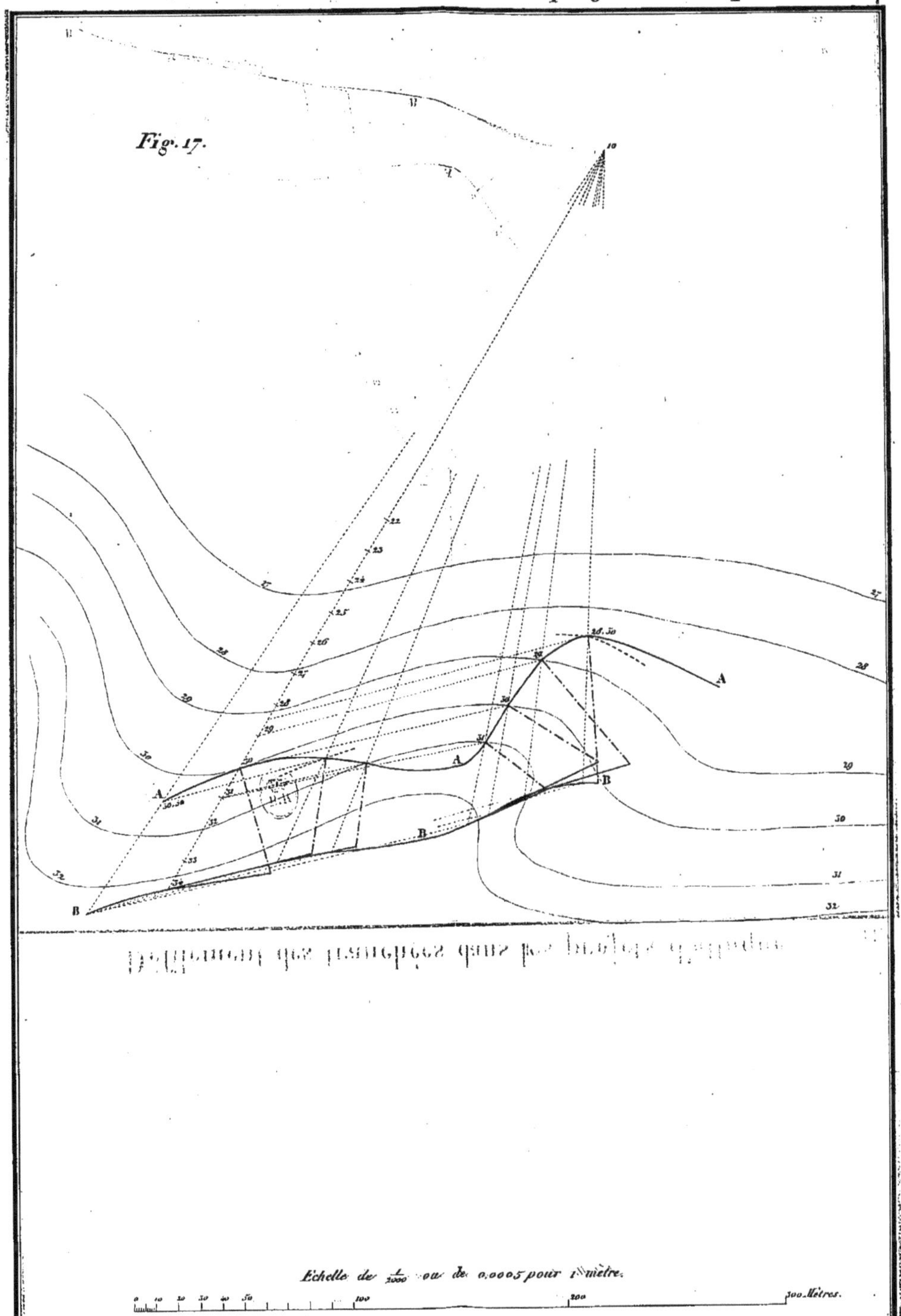

Échelle de $\frac{1}{2000}$ ou de 0,0005 pour 1 mètre.

Fig. 18.

Fig. 19.

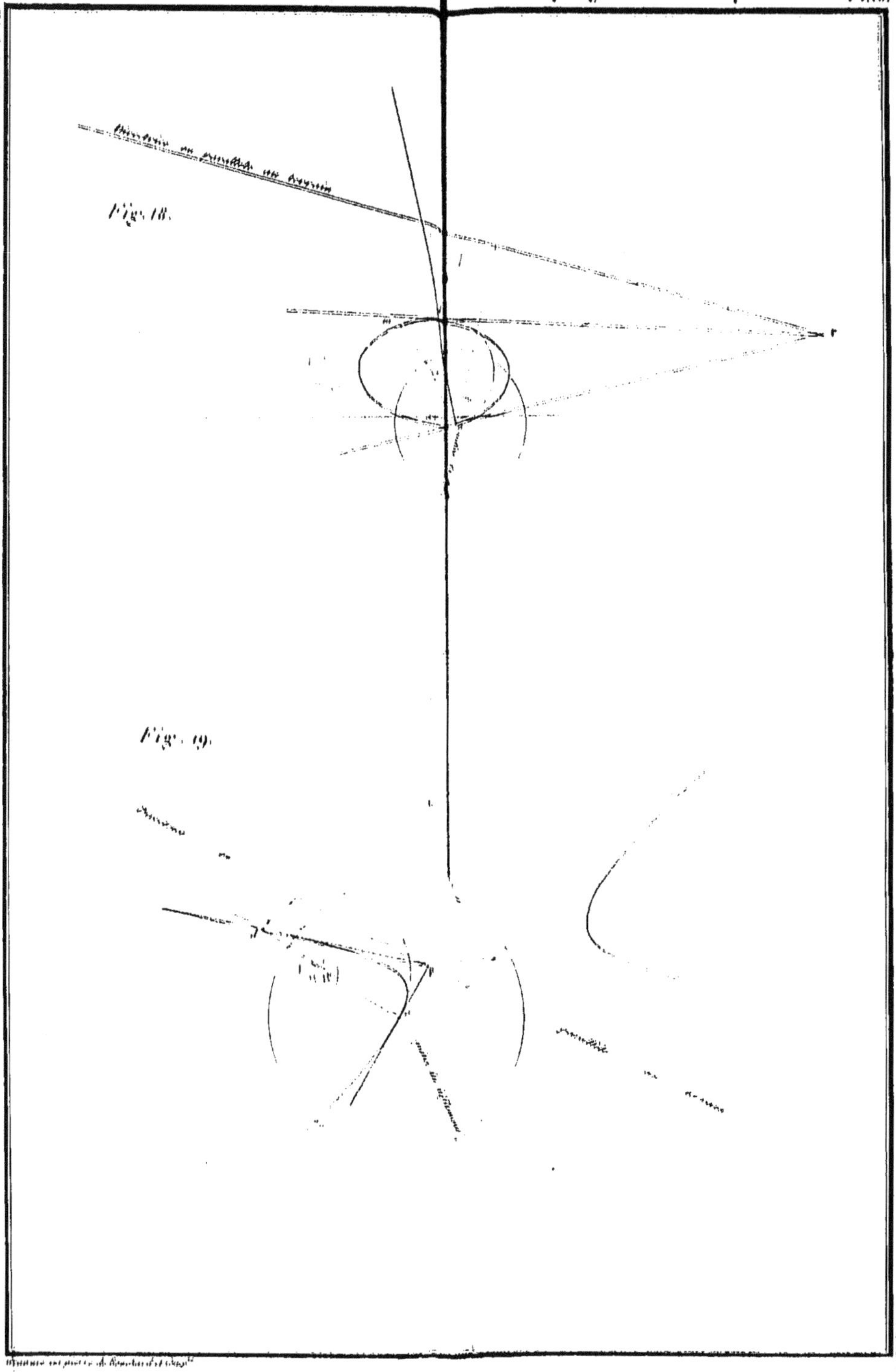

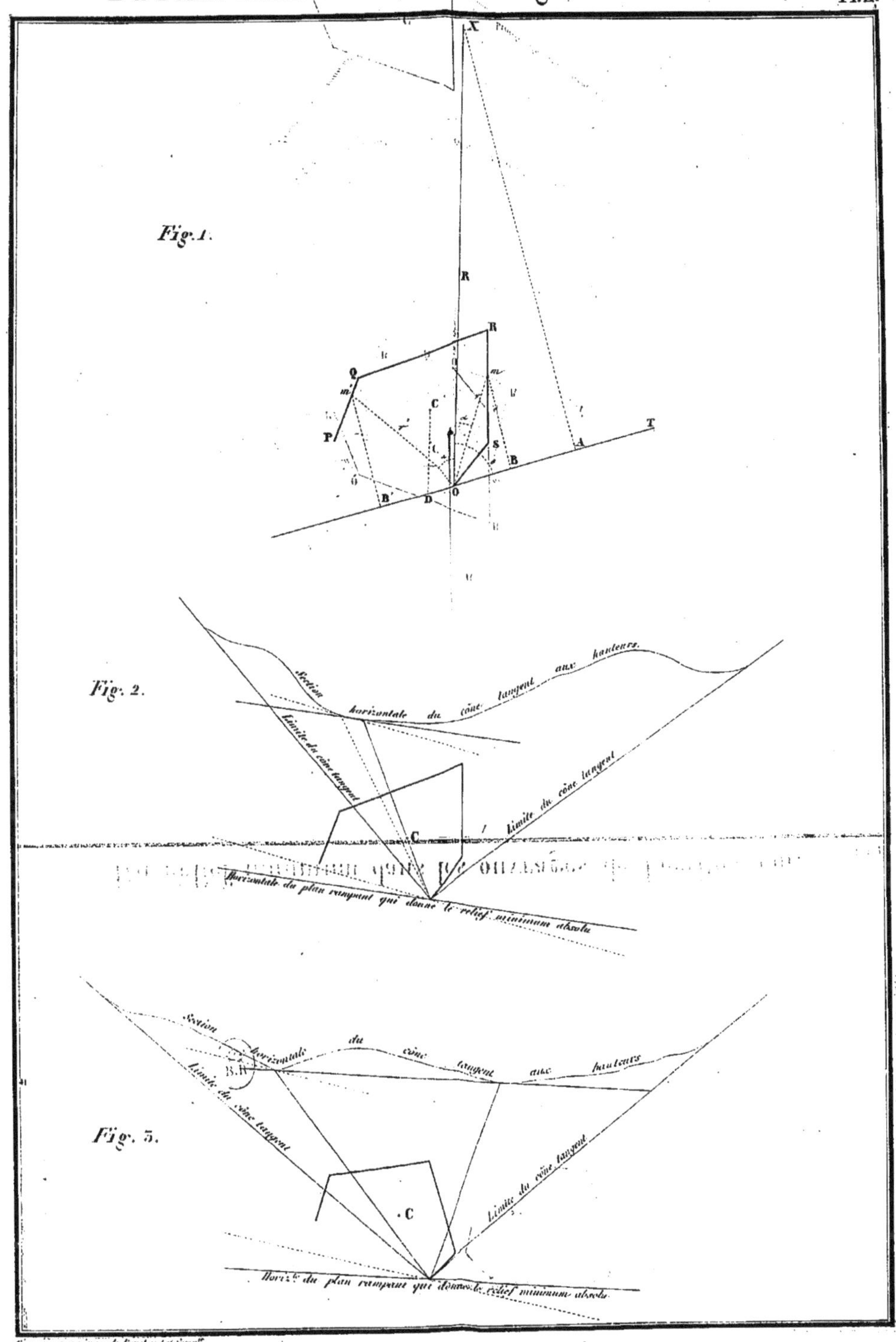

Fig.1.
Fig.2.
Section horizontale du cône tangent aux hauteurs.
Limite du cône tangent
Limite du cône tangent
Horizontale du plan rampant qui donne le relief minimum absolu
Fig.3.
Section horizontale du cône tangent aux hauteurs
Limite du cône tangent
Limite du cône tangent
Horiz.le du plan rampant qui donne le relief minimum absolu